K. Bödeker/M. Lochthofen/M. Griesbeck · Prüfung elektrischer Geräte

de-FACHWISSEN

Die Fachbuchreihe
für Elektro- und Gebäudetechniker
in Handwerk und Industrie

Klaus Bödeker · Michael Lochthofen · Martin Griesbeck

Prüfung elektrischer Geräte

Ein Einstieg für elektrotechnisch unterwiesene Personen und Elektrofachkräfte

5., überarbeitete Auflage

Hüthig · München/Heidelberg

Bibliografische Information der Deutschen Bibliothek
Die Deutsche Bibliothek verzeichnet diese Publikation in der Deutschen Nationalbibliografie; detaillierte bibliografische Daten sind im Internet über https://portal.dnb.de/ abrufbar.

Möchten Sie Ihre Meinung zu diesem Buch abgeben?
Dann schicken Sie eine E-Mail an das Lektorat
im Hüthig Verlag:
buchservice@huethig.de
Autoren und Verlag freuen sich über Ihre Rückmeldung.

ISSN 1438-8707
ISBN 978-3-8101-0564-6

5., überarbeitete Auflage

Printed in Germany
Titelbild, Layout, Satz: schwesinger, galeo
Titelfotos: Vordergrund: Screenshot Autor
Collage Hintergrund: © shutterstock 208482775, zefart
© shutterstock 515501683, terekhov igor
© shutterstock 95887348, Triff
Druck: Westermann Druck Zwickau GmbH

Vorwort

Die Prüfung von elektrischen Geräten durch elektrotechnisch unterwiesene Personen (EUP) gibt es schon so lange wie die Geräteprüfung selbst. In den letzten Jahren sind die Anforderungen an den Prüfer von Geräten jedoch ständig gestiegen. Vor wenigen Jahren sah es schon so aus, als wenn es bald nicht mehr möglich wäre, dass eine EUP eine Geräteprüfung sinnvoll durchführen kann. Doch der Fachkräftemangel und eine zunehmend digital unterstütze Arbeitsorganisation ermöglichen wohl auch in Zukunft den Einsatz von einer EUP bei der Prüfung von Geräten.

Trotzdem ist das Prüfen durch eine EUP nicht ganz so einfach. Jede EUP muss bei ihrer Prüftätigkeit, wie bei allen anderen fachlichen Aufgaben, durch eine befähigte Person (bP)/Elektrofachkraft (EFK) angeleitet und beaufsichtigt werden. Auch muss die Prüftätigkeit in einer Prüfanweisung möglichst genau beschrieben worden sein.

Das klappt nicht immer. Zum Teil, weil die EUP ihre Kenntnisse überschätzt, zum Teil, weil die anleitende EFK nicht oder nicht genügend wirksam wird. Das Ziel wird nicht erreicht. Es verbleiben die alten oder es entstehen neue Gefährdungen.

Um das zu vermeiden, muss jede EUP über

- die ihr übertragenen fachlichen Aufgaben und
- die ihr von der EFK vorgegebenen und zu beachtenden Grenzen ihrer Tätigkeit und ihrer Selbstständigkeit

exakt unterrichtet werden.

Sie sollte den gesamten Prüfablauf kennen und immer wieder aufs Neue gut und aktuell über das informiert werden, was sie tun muss und tun darf. Ebenso muss die zuständige EFK wissen, worauf sie bei dieser für sie oft ungewohnten Tätigkeit zu achten hat.

Unser Buch wendet sich an die *für das Prüfen elektrischer Geräte elektrotechnisch unterwiesenen Personen.* Deren Aufgaben und Verantwortung – das muss deutlich gesagt werden – sind umfassender und anspruchsvoller, als es bisher üblicherweise bei einer elektrotechnisch unterwiesenen Person der Fall war.

Wir wollen dieser prüfenden EUP sowie der für sie verantwortlichen Elektrofachkraft und deren verantwortlichen Elektrofachkraft (VEFK) sowie dem Unternehmer , gemeinsam und wirkungsvoll allen Anforderungen der regelmäßigen Prüfung der ortsveränderlichen elektrischen Geräte gerecht zu werden. Die EUP soll damit auch eine ihrem Wissen angepasste Möglichkeit erhalten, sich in eigener Regie und Verantwortung weiterzubilden, um – innerhalb des von „ihrer" EFK vorgegebenen Rahmens – möglichst selbstständig und effektiv arbeiten zu können.

Unser Buch

- enthält die grundlegenden technischen Informationen über das normgerechte Prüfen,
- zeigt, was in der Prüfanweisung für die EUP festzulegen ist.

Es wendet sich aber nicht nur an elektrotechnisch unterwiesene Personen, sondern auch an

- Berufseinsteiger und
- in Prüfarbeiten noch unerfahrene Elektrofachkräfte,

die ebenso der Anleitung und Kontrolle bedürfen.

Wir sind gespannt auf die Resonanz aus dem Kreis der EUP und der EFK, die mit unserer *Prüfanweisung* arbeiten werden und wünschen Ihnen ein kritisches Betrachten, Messen und Prüfen der Prüflinge – und ebenso unseres Buches – sowie möglichst viele Anregungen für dessen nächste Auflage.

Klaus Bödeker, Michael Lochthofen, Martin Griesbeck

Inhaltsverzeichnis

→ Hinweis:

Den Anhang 7 (Vorschlag einer Prüfanweisung) finden Sie auch zum Ausdruck auf unserer Website.

Der Zugang erfolgt über

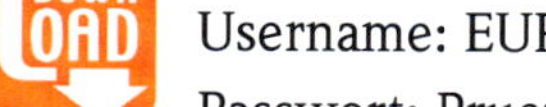

www.elektro.net/download_Buch_EUP

Username: EUP

Passwort: Pruefanweisung

0 Einleitung

Das vorliegende Buch ist eine Anleitung für das wiederkehrende Prüfen ortsveränderlicher elektrischer Geräte. Es enthält kurz und knapp formuliert alle technischen Vorgaben, die

- für eine Wiederholungsprüfung nach DIN EN 50699 (VDE 0702) [16] benötigt werden,
- über das dabei erforderliche arbeitsschutzgerechte Verhalten des Prüfers informieren und
- auch für die Prüfung nach Reparatur anzuwenden sind, welche nach DIN EN 50678 (VDE 0701) vorgenommen wird.

Der *elektrotechnisch unterwiesenen Person* (EUP) soll das Buch helfen, den Prüfablauf zu verstehen und ihn immer wieder neu zu überdenken. Sie kann es auch verwenden, um ihre eigenen Prüferfahrungen darin zu notieren.

Die *befähigte Person (bP)* sollte es benutzen, um der EUP ihre in der betrieblichen *Prüfanweisung für die EUP* (Anhang 2) festgelegten Aufgaben zu erläutern und darin ergänzende betriebliche Festlegungen, z. B. zum Prüfen spezieller Geräte oder zur Verwendung bestimmter Prüfgeräte, zu dokumentieren (siehe Anlage zu diesem Buch).

Dem *Unternehmer/Vorgesetzten der EUP)* bietet das Buch die Möglichkeit, sich über alles zu informieren, was er und die befäigte Person beim Einsatz einer EUP und beim Bewerten deren Arbeit zu beachten haben.

Voraussetzung für den Einsatz einer EUP ist, dass im betreffenden Unternehmen, Amt o. ä. eine für das Prüfen verantwortliche fachkundige Person

- nach Betriebssicherheitsverordnung [2] als *befähigte Person (bP)* und
- nach DIN VDE 1000-10 [6] als *verantwortliche Elektrofachkraft (VEFK)*

berufen wurde und dann Anleitung und Kontrolle übernehmen kann.

Für den Einsatz der EUP sind außerdem folgende Voraussetzungen erforderlich:

- Der Unternehmer (Vorgesetzte) hat sie unter Mitwirkung der *verantwortlichen Elektrofachkraft* auszuwählen und schriftlich zu berufen (Anhang 1).
- Sie muss zumindest die Unterweisung zur „Elektrotechnisch unterwiesene Person" erfolgreich und mit entsprechender Bestätigung ihrer Kenntnisse absolviert haben und dann durch die verantwortliche Elektrofachkraft konsequent und ausführlich
  - in ihre Arbeitsaufgabe, d. h. das Prüfen der Geräte des Unternehmens, eingewiesen sowie
  - über die beim Prüfen auftretenden Gefährdungen und
  - das erforderliche arbeitsschutzgerechte Verhalten (Abwehr der Gefährdungen) unterrichtet worden sein.

Ausgehend von der Berufung der EUP ist in einer Prüfanweisung (siehe Anlage) aufzuführen, welche Aufgaben ihr übertragen werden, d. h., welche Arbeits-/Prüfschritte von ihr vorzunehmen sind bzw. von ihr vorgenommen werden dürfen.

Die verantwortliche Elektrofachkraft oder eine andere von ihr damit beauftragte Elektrofachkraft bestimmt und verantwortet *„was, wann, wo und wie von der EUP geprüft wird und wie ein Prüfergebnis zu bewerten ist“*.

Sie legt auch fest, ob und welche Prüfgänge „ihre“ EUP durchführen und welche Entscheidungen sie treffen darf (siehe Anlage). Sie muss dafür sorgen, dass ihre, d. h., die von ihr anzuleitende und zu kontrollierende EUP qualifiziert genug ist – und bleibt –, um als *„für das Prüfen elektrischer Geräte unterwiesene Person“* eingesetzt werden zu können.

Die EUP ist dafür verantwortlich, dass sie ihre Prüfarbeiten nach der Prüfanweisung ordnungsgemäß ausführt und immer dann die Elektrofachkraft konsultiert, wenn eine ihr nicht erlaubte oder nicht verständliche Tätigkeit/Entscheidung erforderlich wird.

Das heißt aber auch, dem Unternehmer muss gegebenenfalls von der VEFK deutlich gemacht werden, dass jeder mit Prüfarbeiten an elektrischen Geräten beauftragte Mitarbeiter, der nicht die Qualifikation einer EFK besitzt,

- immer als *elektrotechnisch unterwiesene Person* berufen werden muss und
- immer entsprechend der für eine EUP geltenden Definition [6] durch die befähigte Person *über die ihr übertragenen Tätigkeiten,* ***das heißt***
  - ***über das Prüfen elektrischer Geräte nach Prüfanweisung (siehe Anhang 7) unter Anleitung einer damit beauftragten Elektrofachkraft und***
  - *über die möglichen Gefahren*
    - ***beim Umgang mit elektrischen Geräten und***
    - ***beim Prüfen dieser Geräte und***
    - *bei unsachgemäßem Verhalten unterrichtet und erforderlichenfalls angelernt sowie*
  - ***über die für elektrische Geräte***
    - ***vorgegebenen und die***
    - ***beim Prüfen notwendigen***

  Schutzeinrichtungen und Schutzmaßnahmen belehrt wurde.

Und abschließend möchten wir noch betonen:
Jede mit dem Prüfen von elektrischen Geräten beauftragte EUP muss

- auch selbst dafür sorgen und
- selbst davon überzeugt sein,

dass sie genug Kenntnisse besitzt, um die hier im Buch aufgeführten Prüfverfahren und die ihr zugeteilten Aufgaben verstehen und lösen zu können.

Bild 0.1 zeigt den Zusammenhang der Bezeichnungen und Aufgaben aller mit dem Prüfen beschäftigten Personen.

Befähigte Person (bP)	Funktion, die einem Mitarbeiter (Qualifikation *„Elektrofachkraft"*) nach [2] vom Arbeitgeber übertragen wird.
	möglicherweise nimmt die selbe Person beide Funktionen wahr
Verantwortliche Elektrofachkraft (VEFK)	Funktion, die einem Mitarbeiter (Qualifikation *„Elektrofachkraft"*) nach [6] vom Arbeitgeber übertragen wird.
Verantwortlicher Prüfer (vP)	Zusammenfassende, die Darstellung im Buch vereinfachende Bezeichnung für die Person, die als bP und/oder VEFK die Verantwortung für das Prüfen der elektrischen Geräte wahrnimmt.
Elektrofachkraft (EFK) für ... (ein bestimmtes Fachgebiet; z. B. Prüfen elektrischer Geräte)	Allgemeingültige, die Qualifikation beschreibende Bezeichnung einer entsprechend ausgebildeten Person (Definition [6]), die bestimmte Tätigkeiten selbstständig vornimmt, aber auch unter Verantwortung einer VEFK arbeitet. Sie kann von dieser VEFK mit Anleitung/Kontrolle der EUP betraut werden. Eine Elektrofachkraft kann auch für eine ganz bestimmte Aufgabe berufen werden, z.B. für die Prüfung von Geräten. Es handelt sich dann um eine EFKbT, eine Elektrofachkraft für ein begrenztes Teilgebiet der Elektrotechnik.
Elektrotechnisch unterwiesene Person (EUP) für ... (bestimmte Tätigkeit, z. B. Prüfen elektrischer Geräte)	Allgemeingültige, die Qualifikation beschreibende Bezeichnung für eine entsprechend unterwiesene und berufene Person (Definition [16]), die unter Leitung und Aufsicht einer EFK bestimmte Tätigkeiten wahrnehmen, aber nicht als *befähigte Person* eingesetzt werden darf.
Prüfer (EFK, EUP)	Allgemeine Bezeichnung für eine Person, die unmittelbar mit dem Prüfen z. B. elektrischer Geräte beschäftigt ist.

Bild 0.1
Bezeichnungen der mit dem Prüfen elektrischer Geräte beschäftigten Personen

Jedoch dürfen nicht alle Arten von Geräten durch unterwiesene Personen geprüft werden. Bei einigen Gerätearten sind weitere oder andere Prüfungen vorgeschrieben, die nicht von unterwiesenen Personal durchgeführt werden können. Dies betrifft vor allem:

- Medizingeräte und medizinische Einheiten,
- Lichtbogenschweißgeräte und Widerstandsschweißgeräte,
- Geräte für den Bergbau,
- alle Geräte, die eine Ex-Schutz-Kennzeichnung tragen,
- mobile Stromerzeuger,
- Geräte der E-Mobilität,
- Maschinen und speicherprogrammierbare Steuerungen,
- unter Umständen Netzteile,
- USV-Anlagen und steckbare PV-Anlagen.

1 Was beim Vorbereiten der Prüfung zu bedenken ist

Mit der gesetzlichen Vorgabe zum Prüfen der elektrischen Geräte [2] wird der Arbeitgeber (Unternehmer, Vorgesetzter) verpflichtet, auch für eine ordnungsgemäße Vorbereitung der Prüfung zu sorgen. Vor allem geht es um

- das Berufen der für das Vorbereiten und Durchführen der Prüfung verantwortlichen Person, sie wird hier im Buch als „befähigte Person" bezeichnet (s. Bild 0.1), und gegebenenfalls
- das Berufen der ihr zugeordneten elektrotechnisch unterwiesenen Person (EUP) (Anhang 1)

Die verschiedenen Möglichkeiten, die *Fach- und Organisationsverantwortung* für das Vorbereiten und Durchführen der Prüfungen einer bestimmten Person zuzuordnen, sind dem **Bild 1.1** zu entnehmen. Es ist möglich, diese alle Belange des Prüfens der Arbeitsmittel und somit auch der ortsveränderlichen elektrischen Geräte umfassende Aufgabe

- einem Mitarbeiter (EFK) des Unternehmens (befähigte Person oder verantwortliche Elektrofachkraft) [22] oder
- einer nicht dem Unternehmen angehörenden sachverständigen Elektrofachkraft (Service- oder Dienstleistungsbetrieb)

zu übertragen.

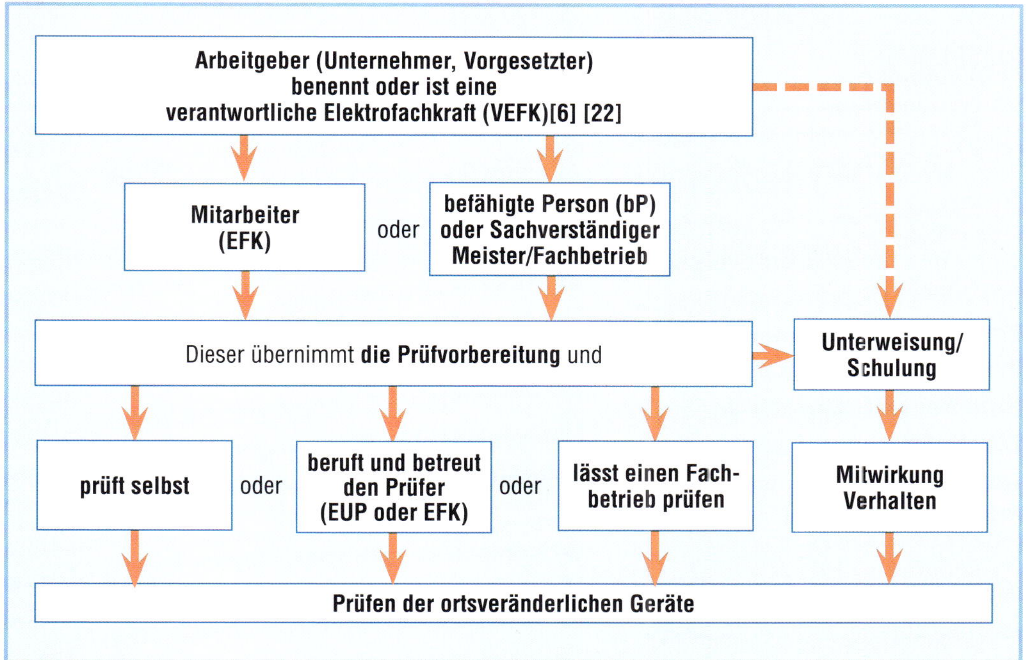

Bild 1.1
Bestimmen des Verantwortlichen für das Vorbereiten und Durchführen der Prüfung sowie das Berufen (Anhang 2) der EUP als Prüfer
bP befähigte Person, EFK Elektrofachkraft, EUP elektrotechnisch unterwiesene Person,
VEFK verantwortliche Elektrofachkraft

Diese befähigte Person

- ist hinsichtlich aller das Prüfen betreffenden Maßnahmen *weisungsfrei* [4] [6] und
- darf gegebenenfalls andere Elektrofachkräfte mit der Anleitung/Kontrolle der EUP und weitere Personen (EFK, EUP) mit dem Prüfen beauftragen.

Für die richtige Auswahl und die notwendige Kontrolle der befähigten Person (Bild 0.1) [2] ist der Arbeitgeber (Unternehmer, Vorgesetzter) zuständig, verantwortlich und haftbar.

Weiterhin geht es beim Vorbereiten der Prüfung um

- die betriebliche Organisation, insbesondere das Erfassen der zu prüfenden Geräte, deren Übergabe an den Prüfer und die Verantwortung aller Beteiligten (Anhang 2),
- die technischen Voraussetzungen für das Prüfen, d. h. das Beschaffen der Prüfgeräte, das Einrichten eines Prüfplatzes (Kapitel 11, Bild 11.1) usw.,
- das Festlegen der Art der Dokumentation und der Kennzeichnung der geprüften Geräte (Kapitel 9),
- die Methode zum Bestimmen der Prüftermine (Kapitel 10) sowie
- das Erkennen der Gefährdungen beim Prüfen und die zu deren Abwehr nötigen Maßnahmen (Kapitel 11).

Mit diesen organisatorischen Maßnahmen werden vom Arbeitgeber die Rahmenbedingungen für das Prüfen vorgegeben. Sie müssen festgelegt und durchgesetzt werden, bevor mit dem Prüfen begonnen wird.

Nicht nur die befähigte Person, sondern auch die EUP sollte immer darauf achten, dass diese Maßnahmen der Vorbereitung eindeutig festgelegt und umgesetzt wurden.

Was jeder Prüfer, also auch jede prüfende EUP in jedem Fall beachten sollte:

1. Suchen Sie sich Ihr Prüfgerät selbst aus. Nehmen Sie ein bereits vorhandenes Gerät nur dann,

- wenn es Ihnen von einem erfahrenen Prüfer empfohlen und erklärt wurde und
- wenn Sie es völlig durchschaut und „lieb gewonnen“ haben.

Bitte keine Kompromisse.

Bitte auch keine Hochachtung vor technischen Raffinessen, einem tollen Design und automatischen Abläufen. Im Gegenteil! Sie müssen alles und jeden einzelnen Schritt des Prüfgeräts verstehen.

Es ist im Grunde notwendig, ein Messseminar zu besuchen um die Funktionen und die bestimmungsgemäße Handhabung des Prüfgerätes kennenzulernen. Dieses Messseminar muss nicht zwangsläufig beim Hersteller des Prüfgerätes besucht werden, wichtig ist, dass es speziell für elektrotechnisch unterwiesene Personen geeignet ist.

Außerdem sollte möglichst ein weiteres Seminar besucht werden, das von einem unabhängigen, erfahrenen Praktiker der Geräteprüfung für elektrotechnisch unterwiesene Personen abgehalten wird.

2. Verlangen Sie, dass alle Mitarbeiter und die Verantwortlichen des Hauses über Ihre Aufgabe und das Zusammenwirken mit Ihnen beim Prüfen informiert werden.

3. Geben Sie allen Mitarbeitern die Regeln zum Umgang mit Elektrogeräten (Anhang 4) in die Hand.

4. Bevor Sie mit dem Prüfen beginnen:

- Informieren Sie sich darüber, wie ein erfahrener Prüfer arbeitet.
- Fragen Sie den zuständigen Elektro- und den Sicherheitsfachkräften ein Loch in den Bauch.
- Üben Sie; prüfen Sie – in Absprache mit der EFK – Ihre elektrischen Geräte zu Hause und in Ihrem Umfeld.

5. Bitte denken Sie an den Arbeitsschutz beim Prüfen (Kapitel 11). Es geht um *Ihre* Sicherheit und die aller Personen, die möglicherweise bei der Prüfung anwesend sind. Fragen Sie einen erfahrenen Prüfer und immer wieder sich selbst, ob und wie beim Prüfen eine Gefährdung entstehen kann und was dagegen zu tun ist.

6. Bestehen Sie darauf, dass Ihnen Fachliteratur zur Verfügung gestellt wird – eine Fachzeitschrift, Katalog der Geräte usw.

Informieren Sie sich auch im Internet ständig. In Fachforen ist ein reger Informationsaustausch gewährleistet, nicht nur um die Prüfung selbst, sondern auch über aktuelle Produktrückrufe, aufgetauchte Plagiate und Ähnliches.

Und schließlich gehört zur Vorbereitung auf die Prüfung auch noch die Frage: „Wissen Sie eigentlich, was Sie prüfen?“

Sicher sagen Sie dann: *„Das ist doch sonnenklar; elektrische Geräte.“* Vorsicht, liebe EUP! Ihre Antwort stimmt zwar im Prinzip, ist aber nicht konkret genug. Sie müsste etwa lauten:

„Es geht um die Sicherheit, daher prüfen wir alle Bauelemente der Geräte, die dem Schutz des Menschen und z. B. auch dem Brandschutz dienen.“

Und wenn Sie von Ihrer befähigte Person richtig eingewiesen wurden, ergänzen Sie:

„Zu beurteilen habe ich durch Besichtigen und Messen vor allem

- *die Abdeckungen und Isolierungen bei allen Geräten sowie*
- *den Schutzleiter mit dem Schutzkontaktstecker, wenn ein solcher vorhanden ist.“*

Weiterführende Informationen zur Vorbereitung der Prüfung finden Sie in der angegebenen Literatur [21] bis [24].

2 Ablauf der Prüfung

2.1 Mit dem Besichtigen beginnt das Prüfen

Die Wiederholungsprüfung eines elektrischen Geräts beginnt mit den im **Bild 2.1** dargestellten Prüf-/Arbeitsschritten.

Mit dem ersten kritischen Blick müssen Sie erkennen, ob ein Gerät offensichtliche Mängel hat. Ist dies der Fall, dann sind schon diese erste Kontaktaufnahme, das Besichtigen und damit die gesamte Prüfung mit „nicht bestanden" zu beenden. Eine Instandsetzung ist fällig, das Wie und Wo regelt die befähigte Person.

Auf den zweiten Blick stellen Sie fest, ob es sich um ein

Gerät mit oder *ohne Schutzleiter*

handelt. Diese Zuordnung ist wichtig, da für beide Gerätearten unterschiedliche Prüfabläufe erforderlich sind.

Das heißt, Sie prüfen dann

- entweder nach **Bild 2.2**:
  Prüfablauf für Geräte *mit* Schutzleiter
- oder nach **Bild 2.3**:
  Prüfablauf für Geräte *ohne* Schutzleiter.

Und dann noch ein dritter Blick. Mit allen Sinnen und auch mit viel „Bauchgefühl"!

Sehen Sie sich den Prüfling noch einmal ganz genau an und

- fragen Sie sich zunächst selbst, ob Sie dieses Gerät „im Griff" haben, ob Sie sich zutrauen, es zu prüfen und ehrlich zu beurteilen.

Wenn Sie keine zufriedenstellende Antwort bekommen, dann

- fragen Sie Ihre zuständige Elektrofachkraft, die befähigte Person.

Natürlich können und sollten Sie vorher hier im Buch nachsehen, um dort Hilfe zu finden. Dann aber – gegebenenfalls – fragen. Ohne Scheu. Der verantwortliche Prüfer (Bild 1.1) weiß fast alles, er muss fast alles wissen!

Wenn es sich um ein Gerät handelt, das Sie bisher noch nie gesehen oder besser gesagt, noch nie genutzt haben, dann starten Sie noch nicht mit der Prüfung.

> → Die erstmalige Prüfung eines solchen „neuen" Geräts dürfen Sie nur gemeinsam mit dem verantwortlichen Prüfer durchführen!
> Sie benötigen für dieses neue Gerät dann auch eine Prüfanweisung, die Sie zusammen mit der befähigten Person erstellen sollten.

Warum wir bei den zu prüfenden Geräte solche mit oder ohne Schutzleiter unterscheiden? Diese Aufteilung ist übersichtlich und eindeutig. Sie stellt klar, welche Schutzmaßnahmen des Geräts zu prüfen und welche Messungen durchzuführen sind. Sie erleichtert Ihnen, wie Sie sehen werden, die Arbeit und kommt auch in der Norm DIN VDE 0702 [16] zur Anwendung.

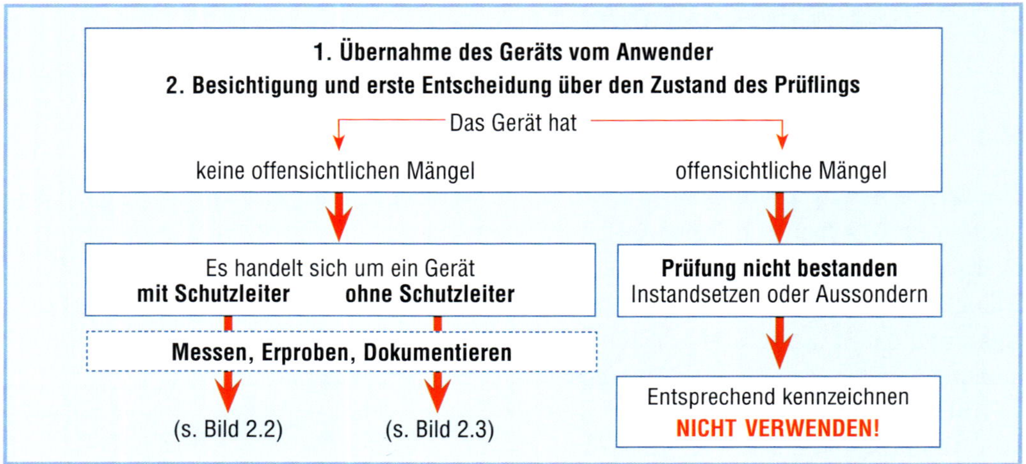

Bild 2.1
Ablauf der Wiederholungsprüfung eines elektrischen Geräts: Besichtigen, Feststellen von offensichtlichen Mängeln, Feststellen der Art des Geräts (mit oder ohne Schutzleiter), Festlegen des Prüfablaufs

Erläuterung zum Bild 2.1

Es ist damit zu rechnen, dass Geräte
- mit offensichtlichen Mängeln, „ideenreichen" Veränderungen oder
- äußeren oder im Inneren vorhandenen Verschmutzungen

zum Prüfen angeliefert werden. Darauf müssen Sie vorbereitet sein. Über die sich daraus ergebenden Konsequenzen (Kosten, Verzicht auf die Prüfung, Aussonderung usw.) müssen Sie in Abstimmung mit Ihrer befähigten Person den Anliefernden möglichst bald informieren.

Zu beachten ist:
- Zum Prüfen dürfen nur Geräte zugelassen werden, an denen keine offensichtlichen Fehler zu erkennen sind! Ob Sie als EUP diese Entscheidung treffen dürfen, muss die befähigte Person festlegen!
- Das Öffnen des Prüflings zum Entdecken von Fehlern wird beim Durchführen der Wiederholungsprüfung nicht gefordert. Wenn es unumgänglich ist – das entscheidet die befähigte Person – gilt es als Instandsetzung.
- Das Instandsetzen gehört **nicht** zur Prüfaufgabe.
- Das Reinigen gehört **nicht** zur Prüfaufgabe. Wenn zum Reinigen das Öffnen des Geräts erfolgen muss, ist dies als Instandsetzung zu betrachten.
- Die Prüfung muss an einem äußerlich sauberen, d. h. für den normalen Gebrauch geeigneten Gerät erfolgen.
- Es ist zwar nicht ausdrücklich gefordert, aber sinnvoll, schon vor dem Reinigen das erste Mal die zum Prüfen gehörenden Messungen vorzunehmen. Damit wird geklärt, ob der Benutzer des Geräts durch die betriebsmäßig auftretenden Verschmutzungen gefährdet werden kann.

Ob von Ihnen als EUP das **Aussondern eines Prüflings** vorzunehmen/vorzuschlagen ist, hat die befähigte Person zu entscheiden.

Die Kennzeichnung der defekten/ausgesonderten Geräte muss eindeutig sein und auf die Gefährdung hinweisen, die bei Benutzung des Geräts eintritt. Wie zu kennzeichnen ist, das wäre in der betrieblichen Anweisung (s. Anhang 2) festzulegen.

Zu beachten ist: Ein Gerät mit Schutzleiter erkennt man an der dreiadrigen, etwas dickeren Anschlussleitung und vor allem am Schutzkontaktstecker. Auch dieser hat ja innen einen – wenn auch nur kurzen – Schutzleiter.

2.2 Alle Prüfgänge auf einen Blick

Nehmen Sie die Prüfabläufe der **Bilder 2.2 und 2.3 und die dazugehörenden Erläuterungen** in Augenschein. Gründlich und ganz bewusst.

Überlegen Sie,

- warum die Prüfung durchgeführt wird, für wen sie nützlich ist,
- warum die aufgeführten Prüfgänge nötig sind,
- weshalb bei den Geräten ohne Schutzleiter weniger Messungen gefordert sind als bei denen mit Schutzleiter.

Beantworten Sie sich selbst die Frage, ob es Prüflinge gibt, bei denen möglicherweise keine der im Prüfablauf angegebenen Messungen durchführbar ist.

Bemühen Sie sich, alle den Bildern zugeordneten Erläuterungen vollständig zu verstehen. Das muss nicht sofort sein und auch nicht alles auf einen Schlag. Aber bedenken Sie, das auf diese Weise erworbene Hintergrundwissen bietet Ihnen

- die nötige Kompetenz beim Prüfen und
- vor allem das unverzichtbare Selbstbewusstsein als Prüfer;

deswegen sollten Sie darauf nicht verzichten.

Bitte prägen Sie sich ein:

- das konsequente Durchführen der in den Bildern 2.1 bis 2.3 vorgegebenen Prüfgänge sichert das *normengerechte* Prüfen,
- Ihre Aufgabe ist es, die Prüfungen nach dieser Prüfanweisung in der angegebenen Reihenfolge und sorgfältig durchzuführen.

Nur beides zusammen kann zu einem *ordnungsgemäßen* und auch *gerichtsfesten* Prüfergebnis führen.

2.3 Prüfablauf bei Geräten mit Schutzleiter – Besichtigen, Messen, Erproben, Dokumentieren

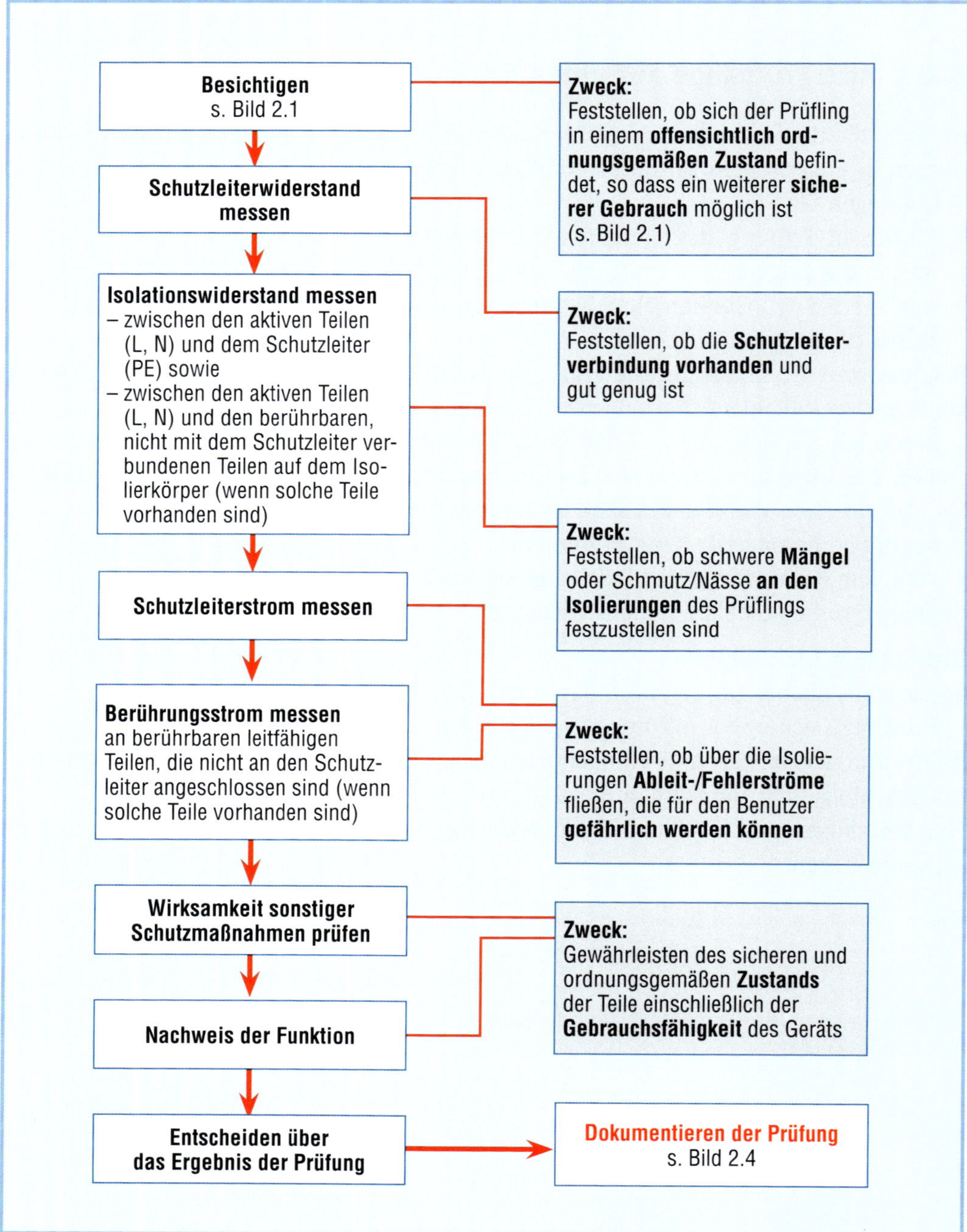

Bild 2.2
Gesamter Ablauf der Wiederholungsprüfung eines elektrischen Geräts ***mit*** *Schutzleiter; Besichtigen, Messen, Erproben, Dokumentieren*

Erläuterung zum Bild 2.2

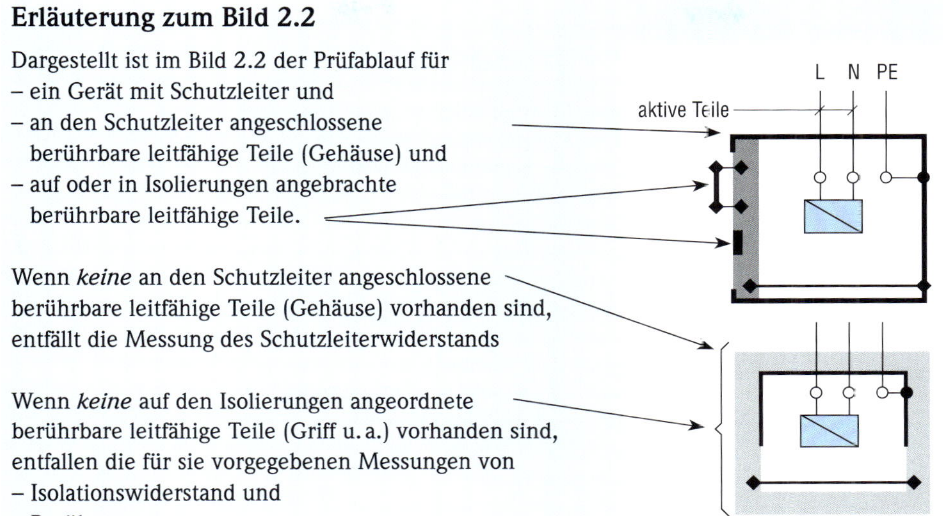

Dargestellt ist im Bild 2.2 der Prüfablauf für
- ein Gerät mit Schutzleiter und
- an den Schutzleiter angeschlossene berührbare leitfähige Teile (Gehäuse) und
- auf oder in Isolierungen angebrachte berührbare leitfähige Teile.

Wenn *keine* an den Schutzleiter angeschlossene berührbare leitfähige Teile (Gehäuse) vorhanden sind, entfällt die Messung des Schutzleiterwiderstands

Wenn *keine* auf den Isolierungen angeordnete berührbare leitfähige Teile (Griff u. a.) vorhanden sind, entfallen die für sie vorgegebenen Messungen von
- Isolationswiderstand und
- Berührungsstrom

Bei diesen Geräten mit Isolierteilen sind die Messungen des Isolationswiderstands und des Berührungsstroms nicht sehr aussagefähig. Das Besichtigen der Teile ist besonders wichtig.

Erläuterungen zu den Bildern 2.2 und 2.3

Mit dem Besichtigen, dem Messen und dem Erproben der Schutzmaßnahmen werden der ordnungsgemäße Allgemeinzustand sowie das Isoliervermögen, d. h. im Wesentlichen die Wirksamkeit des Schutzes gegen elektrischen Schlag und des Brandschutzes nachgewiesen.

Zu beachten ist, dass bei vielen Prüflingen durch mehrere Schalterstellungen jeweils andere Bauelemente mit Netzspannung versorgt werden. In solchen Fällen müssen die Messungen
- des Isolationswiderstands sowie
- des Schutzleiter- und des Berührungsstroms

mehrfach, d. h. **bei allen Schalterstellungen,** vorgenommen werden.

Über die Prüfung der sonstigen Schutzmaßnahmen und die Funktionsprüfung muss der verantwortliche Prüfer entscheiden. Dies können sein:
- Nachweis der Schutztrennung bei Transformatoren und Netzteilen,
- Messung des Ableitstromes an isolierten Eingängen (z. B. Labormessgeräte),
- Prüfung von FI-Schutzschaltern oder PRCDs,
- die Prüfung der Funktion des Gerätes, ggf. in verschiedenen Einstellungen oder mit kurzzeitiger Belastung.

Berührbare leitfähige Teile, die Kleinspannung führen (Anschlüsse von Datenleitungen, Antennen usw.) sind nicht bzw. nur dann in die Messungen einzubeziehen, wenn dies vom verantwortlichen Prüfer angewiesen wird.

2.4 Prüfablauf bei Geräten ohne Schutzleiter – Besichtigen, Messen, Erproben, Dokumentieren

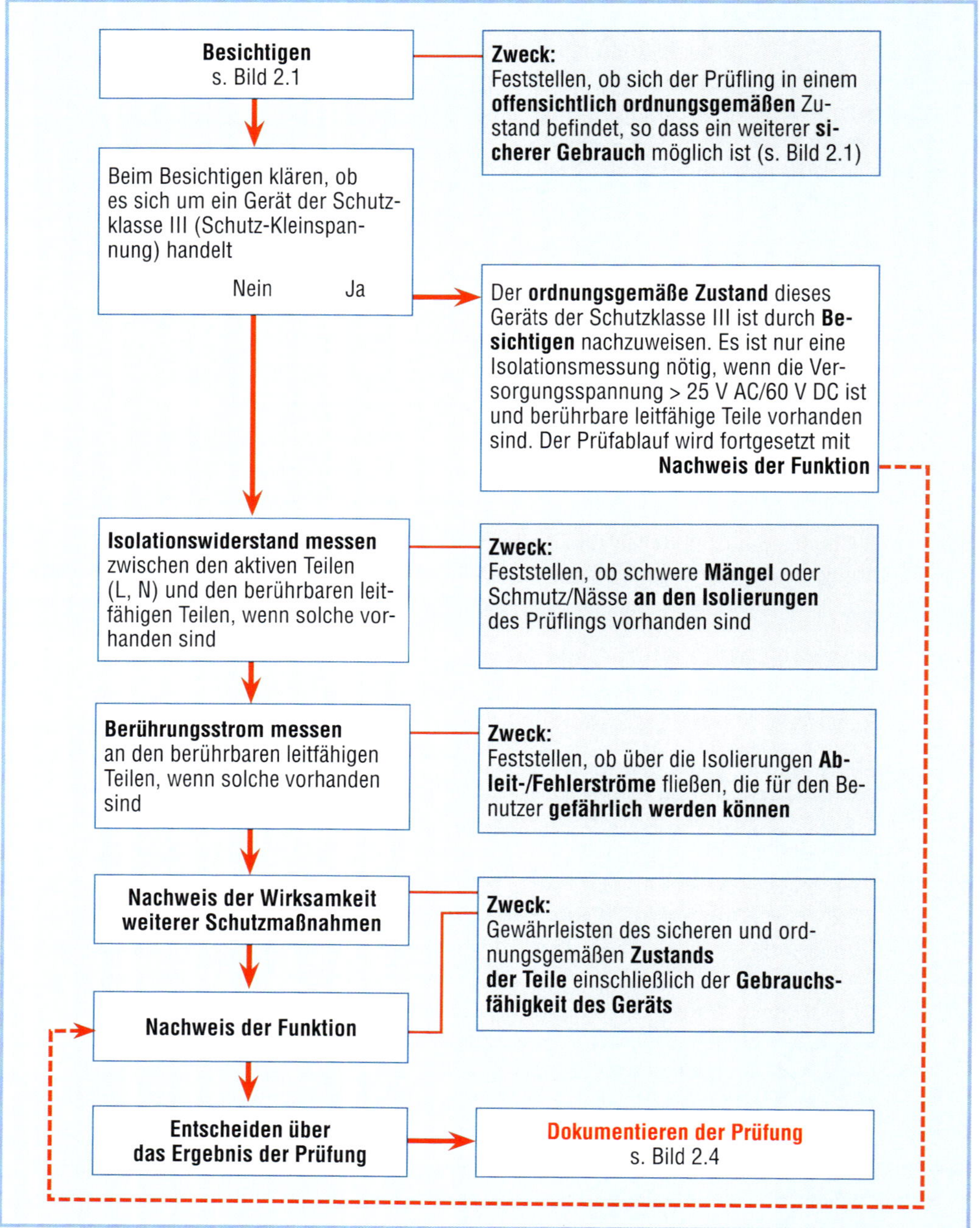

Bild 2.3
Gesamter Ablauf der Wiederholungsprüfung eines elektrischen Geräts ***ohne*** *Schutzleiter; Besichtigen, Messen, Erproben, Dokumentieren*

Erläuterung zum Bild 2.3

Dargestellt ist im Bild 2.3
der Prüfablauf für
- ein Gerät ohne Schutzleiter und
- auf oder in dem Körper (Isolierung) angebrachte berührbare leitfähige Teile.

Sind solche berührbaren leitfähigen Teile **nicht vorhanden**,
entfallen die für sie vorgegebenen Messungen von
- Isolationswiderstand und
- Berührungsstrom.

Bei diesem Gerät mit Isolierkörper sind die Messungen von Isolationswiderstand und Berührungsstrom nicht sehr aussagefähig, da
- nur die Isolierung unmittelbar unter dem leitfähigen Teil erfasst wird und
- Defekte nur dann entdeckt werden, wenn die betroffenen Isolierungen auch noch verschmutzt/feucht sind.

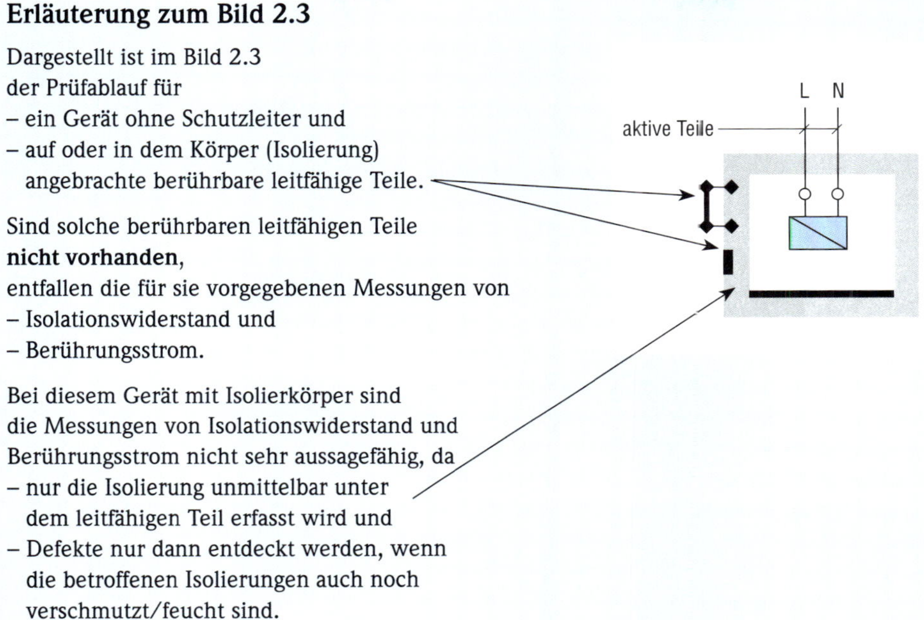

Es kommt beim Prüfen dieser Art Geräte besonders auf das Besichtigen an.

2.5 Bewertung und Dokumentation

Wurden alle Prüfgänge mit einem positiven Ergebnis abgeschlossen, so gilt die Prüfung als bestanden (**Bild 2.4**). Dies und die Messwerte sind in geeigneter Form zu dokumentieren (Kapitel 9).

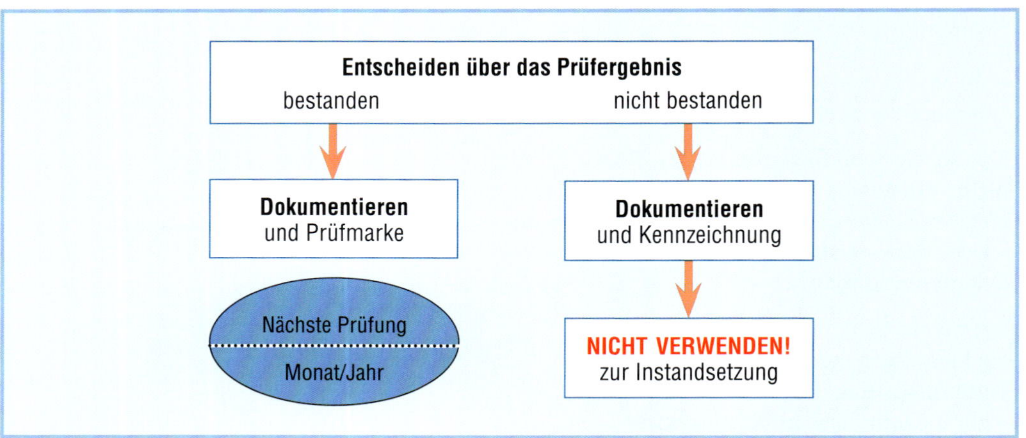

Bild 2.4
Abschließende Prüfschritte des Prüfablaufs

Erläuterungen zum Bild 2.4

Die Entscheidung über das Prüfergebnis obliegt allein der befähigten Person, sie ist diesbezüglich weisungsfrei. Sie als EUP haben bei Ihren Entscheidungen „bestanden" oder „nicht bestanden" die Vorgaben der befähigte Person zu beachten (Prüfanweisung, Arbeitsanweisungen, Verfahrensanweisungen zu einzelnen Prüflingen usw.).

Achtung! Mit der Entscheidung „bestanden" wird bestätigt, dass bei der Verwendung des Geräts die Sicherheit des Anwenders und dritter Personen zuverlässig vorhanden ist.

Abschließend
- sind geprüfte und zum Anwenden frei gegebene Geräte so zu kennzeichnen, dass jeder Anwender erkennen kann, sie wurden ordnungsgemäß geprüft und
- sind defekte Geräte so zu kennzeichnen, dass der Anwender eine mögliche Gefährdung sofort bemerkt und
- ist der Termin der nächsten Prüfung mit einer Prüfmarke am Gerät auszueisen.

Der versehentliche Gebrauch defekter Geräte ist mittels geeigneter Maßnahmen zuverlässig zu verhindern. Dabei dürfen defekte Geräte jedoch nicht zerstört werden.

Eine Bestätigung des Prüfergebnisses (Unterschrift unter das Prüfprotokoll o. Ä.) ist von der befähigten Person vorzunehmen. Sie als EUP sollten darauf bestehen, dass auch von Ihnen das ordnungsgemäße Prüfen in geeigneter Form bei jedem Prüfling zu bestätigen ist.

2.6 Zusammenfassung des Prüfablaufs

Viele Vorgaben und eine Menge Informationen haben wir Ihnen hier angeboten. Dank der Systematik des Prüfablaufs und der Wiederholung beim praktischen Einsatz werden Sie jedoch alsbald alles fest gespeichert haben. Am wichtigsten ist, dass Sie die Aufgaben und die technischen Zusammenhänge der einzelnen Prüfgänge erkennen und berücksichtigen.

Unser Vorschlag:

Zunächst Trockenübungen. Nehmen Sie die Ihnen in den Weg kommenden elektrischen Geräte in die Hand und nennen Sie die nötigen Prüfgänge. Nachdem Sie von Ihrer Elektrofachkraft in das Prüfen eingeführt wurden, sollten Sie das Prüfen an den Geräten Ihres Arbeitsplatzes und bei sich zu Hause praktizieren.

Abschließend nennen wir Ihnen und wiederholen zum Teil einige für den Prüfablauf wesentliche Zusammenhänge:

- Sie müssen vor dem Beginn der Prüfung *nicht* klären, ob es sich bei dem Prüfling um ein Gerät der Schutzklasse I oder II handelt. Sie haben lediglich festzustellen, ob das zu prüfende Gerät **mit Schutzleiter/Schutzkontaktstecker** ausgestattet ist **oder nicht (Bild 2.5).**
  - Wenn *„Ja“*, dann Prüfung nach Ablaufplan Bild 2.2.
  - Wenn *„Nein“*, dann Prüfung nach Ablaufplan Bild 2.3.
- Jedes Gerät **mit einem Schutzkontaktstecker (Bild 2.5 a),**
  - gleichgültig, ob in der Anschlussleitung ein Schutzleiter vorhanden ist oder nicht,
  - gleichgültig, ob das Gerät mit dem Doppelquadrat der Schutzklasse II gekennzeichnet ist oder keine Kennzeichnung hat und

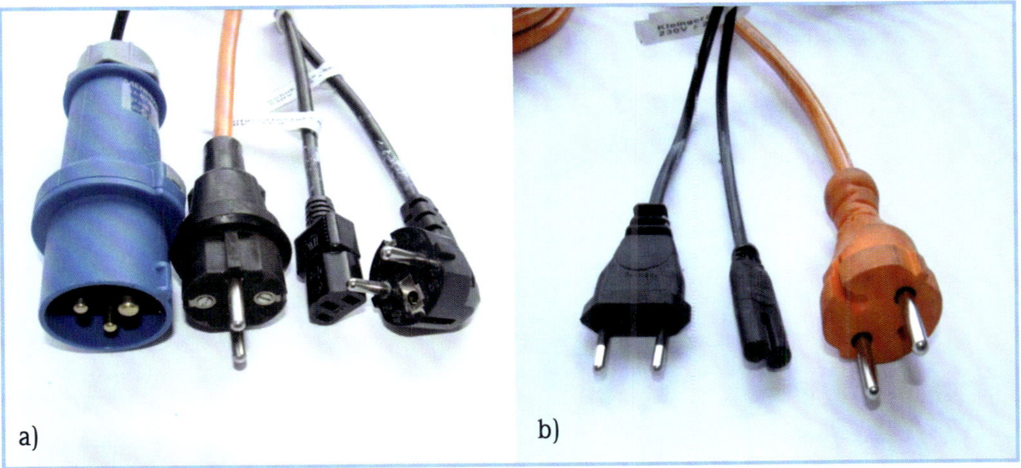

Bild 2.5
Übliche Stecker der Anschlussleitung der ortsveränderlichen elektrischen Geräte
a) Dreipolige Stecker für den Anschluss von Außenleiter, Neutralleiter und Schutzleiter)
b) Zweipolige Stecker für den Außenleiter und den Neutralleiter

– auch wenn es mit einer zweiadrigen Anschlussleitung ohne Schutzleiter ausgerüstet ist,

wird so geprüft, wie es für Geräte mit Schutzleiter (Bild 2.2) vorgegeben wird. Dies ist erforderlich, da der Schutzkontaktstecker defekt sein kann oder möglicherweise falsch montiert wurde.

- Muss die **Prüfung** aus irgendeinem Grund **unterbrochen** werden, so ist es im Allgemeinen besser, später den gesamten Prüfablauf wieder neu zu beginnen, als an einer bestimmten Stelle einzusetzen.
- Die hier im Buch gewählte Reihenfolge der Prüfgänge sollte konsequent eingehalten werden. Dies ist erforderlich, weil das Messen der Ströme mit Netzspannung erst dann erfolgen soll, wenn das Besichtigen und die Messungen des Schutzleiter- und des Isolationswiderstands abgeschlossen sind. Damit ist es wahrscheinlich, dass schon vorher die den Prüfer gefährdenden Fehler (s. Kapitel 11) gefunden und beseitigt wurden.
- Die in den Bildern 2.2 und 2.3 genannten Prüfschritte, insbesondere der
  – Nachweis der Wirksamkeit weiterer Schutzmaßnahmen und
  – Nachweis der Funktion

  müssen von der verantwortlichen Elektrofachkraft je Prüflingsart vorgeführt und dann schriftlich vorgegeben werden (siehe Anlage).

Weiterführende Informationen zu den Prüfabläufen finden Sie in der angegebenen Literatur [16].

3 Besichtigen der Prüflinge – mit allen Sinnen!

Ziel des Prüfgangs:

- **Feststellen,** ob Teile des Geräts defekt/verschlissen sind oder ob vom Anwender Veränderungen vorgenommen wurden.
- **Abschätzen,** ob und welche Gefährdungen auftreten können und ob ein weiteres Anwenden des Prüflings zu empfehlen/verantworten ist.
- **Beurteilen,** ob sich alle der Sicherheit dienenden sichtbaren Teile in einem ordnungsgemäßen Zustand befinden und wirksam werden können.

3.1 Besichtigen, der wichtigste Prüfgang

Besichtigen – das „bewusste Betrachten" – ist der wichtigste aller Prüfgänge. Wenn Sie dabei *alle* Ihre *Sinne* einsetzen, werden Sie fast jeden Fehler oder Mangel entdecken. Warum das so ist?

- Alle Einwirkungen und jede Überlastung hinterlassen kleine Spuren (**Tabelle 3.1**).
- Was im Inneren eines Geräts passiert ist, kann man oftmals riechen, fühlen oder hören.

Und so ahnt ein erfahrener Prüfer schon, was ihn erwartet, wenn er den Prüfling in die Hand nimmt. Seine Sinne sowie die Summe seiner Erfahrungen, das sogenannte „Bauchgefühl", das sind seine besten Prüfmittel. Dann erst kommt das Prüfgerät!

Tabelle 3.1
Veränderungen an elektrischen Geräten, die auf Überlastungen, mechanische Einwirkungen oder unzulässige Eingriffe hindeuten

Merkmal	Ort
Verfärbungen durch hohe Temperatur	Gehäuse, Leitung, Stecker und andere Teile
unregelmäßiger Sitz	Montagefugen, Lüftergitter
nicht zusammenpassende Teile	Stecker/Einführung und Leitung
schiefe/verzogene Teile	Abdeckungen, Deckel, Aufsätze, Schrauben, Zugentlastung
uneinheitliche Teile	Verbindungen, Befestigungen, Schrauben, Abdeckungen
Bearbeitungsspuren	Gehäuse, Stecker, Leitung
nicht übliche Gestaltung, unterschiedliche Materialien	alle Teile, ungewöhnliche oder zu lange Anschlussleitung und/oder ungewöhnliche Stecker
unterschiedliche Schutzarten	Teile (Stecker, Kupplung) mit anderen Schutzarten; Bedingungen für den festgelegten Einsatzort beachten
Zustand der Kontakte	Verbogene, ausgeleierte, korrodierte Schutzleiterkontakte? Beide Kontakte prüfen!
funktionsuntüchtige Teile	klemmende, nicht exakt einrastende Teile, Schalter, Abdeckungen
Abnutzung, Beschädigung	Hand- oder Schaltergriffe, Füße, Sockel, Leitungshalterung
Sonstiges	typische Gerüche, Klappergeräusche

Eine ausführliche Aufstellung der Prüfschritte des Besichtigens, die trotz ihres erheblichen Umfangs sicherlich von Ihnen noch ergänzt werden kann, finden Sie im als Anhang 5. Sie sollten sich diese Aufstellung kopieren, am Prüfplatz aushängen, ständig komplettieren und immer wieder bewusst ansehen.

Erfahrungsgemäß ist es ratsam, sich hin und wieder an die nicht immer offensichtlichen Fehler zu erinnern, die bei anderen Prüflingen entdeckt wurden.

Bedenken Sie:

→ Bei dieser Wiederholungsprüfung werden die Prüflinge nicht geöffnet [16]. Um Fehler im Inneren zu erkennen, sind Messungen (Kapitel 4 und 5) durchzuführen.

→ Jedes äußere Teil hat eine Sicherheitsfunktion und sollte daher kritisch betrachtet, „erprobt“, „befühlt“ und „erhört“ werden.

3.2 Schwerpunkte des Besichtigens

Als Erstes ist das Vorhandensein

- der **CE-Kennzeichnung** (Bestätigung der Übereinstimmung mit den Vorgaben der EU [1] durch den Hersteller) und
- des **GS-Zeichens** (Bestätigung der Übereinstimmung mit den Normen durch eine neutrale Prüfstelle)

zu kontrollieren. Sollte die CE-Kennzeichnung fehlen, so ist Rücksprache mir der befähigten Person zu halten. Wenn kein GS-Zeichen vorhanden ist, so ist der Grund dafür zu untersuchen.

Wissen sollten Sie, dass die Kennzeichnung mit dem CE-Zeichen erst ab 1997 zur Pflicht geworden ist.

→ Das Bestehen der in unserem Buch beschriebenen Wiederholungsprüfung nach [16] ist kein „Ersatz“ für die CE-Kennzeichnung oder das GS-Zeichen.

Erfahrungsgemäß gibt es eine Reihe von **nicht offensichtlichen und schwer zu entdekkenden Fehlern,** die nur durch ganz bewusstes Betrachten gefunden werden können. Dies sind z. B.:

- Veränderungen gegenüber dem Originalzustand (Gehäuse, Fugen, Belüftungsöffnungen, falsche Feinsicherungen usw.),
- Eindringen von am Einsatzort vorhandenen kleinen Teilen (Nadeln, Nägel, Schmuckstücke),
- in Lüfteröffnungen eingesaugte Fremdkörper (beim Fön z. B. Haare),
- in Fugen/Öffnungen eingedrungene Nässe (s. Kapitel 5),
- Risse, Schnitte, Quetschstellen an Leitungen.

Wesentlich ist der Gesamteindruck, den das Gerät einem erfahrenen Prüfer bietet. Es sollte so stabil und solide gebaut sein, so zuverlässig wirken, dass man es selber ohne

Bedenken und gerne benutzen würde. Wenn dies nicht der Fall ist, teilen Sie Ihre Bedenken dem Anwender mit, auch wenn sein Gerät die Prüfung bestanden hat (s. Kapitel 9).

3.3 Weitere Hinweise, Prüferfahrungen

Neben dem unmittelbaren Betrachten des Prüflings und seiner einzelnen Teile ist es wichtig, Folgendes zu beachten:

- Der Zustand des Prüflings (Schmutz, verschlungene Anschlussleitung, Anlieferung als „Schüttware“ usw.) ist ein Hinweis auf zu erwartende Fehler. Bei schlechter Beschaffenheit ist zu empfehlen, die Isolationswiderstandsmessung im Zusammenhang mit der Besichtigung durchzuführen. Es ist für den Prüfer wichtig, die infolge eines unsachgemäßen Gebrauchs entstehende Gefährdung zu erkennen und den Betreiber darüber zu informieren!
- Wenn möglich, beschaffen Sie sich die Bedien- oder Betriebsanleitungen der zu prüfenden Geräte. Dies ist keine zwingende Forderung, aber einen Versuch wert. Mitunter finden sich dort interessante und nützliche Hinweise eines an der Sicherheit seiner Kunden interessierten Herstellers.
- Beteiligen Sie sich schon an der Prüfung vor erstmaliger Verwendung (Eingangsprüfung) der im Unternehmen neu angeschafften Geräte. Die befähigte Person und Sie sollten über den Einkauf und das Ergebnis der Eingangsprüfung der Geräte (mit) entscheiden.
- Machen Sie sich schon beim Besichtigen Gedanken über das zu erwartende Prüfergebnis. Und auch darüber, wann das Gerät Ihnen zur nächsten Wiederholungsprüfung vorgestellt werden sollte, damit *„… entstehende Mängel, mit denen gerechnet werden muss, …“* von Ihnen rechtzeitig festgestellt werden.

→ Mit dem Besichtigen sind Sie nach diesem Prüfgang noch nicht fertig. Bei allen weiteren Prüfgängen gehört dieses *„… mit allen Sinnen bewusst betrachten …“* immer dazu.
Sie sollten den Prüfling während der gesamten Prüfung ständig beobachten, um zu erkennen, wie er sich bei den Messungen und dem Erproben verhält.

Weiterführende Informationen zum Besichtigen finden Sie in der angegebenen Literatur [11] [16].

4 Messungen an Prüflingen mit Schutzleiter

Ziel aller Messungen:

- **Feststellen,** ob „innere“ Mängel vorhanden sind, die beim Besichtigen nicht erkannt werden konnten.
- **Feststellen,** ob die Grenzwerte der Kenngrößen eingehalten werden.
- **Beurteilen,** ob alle Teile oder Bauelemente in Ordnung sind, von denen die Sicherheit, d. h. die Wirksamkeit einer Schutzmaßnahme abhängt.

Das Messen ergänzt das Besichtigen.
Soweit dies technisch möglich und hinsichtlich der Kosten sinnvoll ist, soll durch Messungen festgestellt werden, ob die inneren der Sicherheit dienenden Teile des Geräts fehlerfrei sind. Dies gilt für Geräte mit und ohne Schutzleiter. Mit den hier im Buch angegebenen, in der Praxis vertretbaren Messmethoden werden die meisten der schwerwiegenden Mängel erfasst, die sich unmittelbar auf die Sicherheit auswirken. Warum nicht auch alle geringfügigen Fehler entdeckt werden können, welches Restrisiko verbleibt und warum dies vertretbar ist, sollten Sie sich von der befähigten Person erläutern lassen.

Es ist Aufgabe des Prüfers, die Messwerte mit den Grenzwerten der Norm zu vergleichen und dann die Sicherheit des Prüflings hinsichtlich der Tendenz zum Guten oder Schlechten zu bewerten. Das ist gar nicht so einfach. Bitte ganz bewusst nachdenken und alle Prüferfahrungen ins Feld führen. Wenn Sie Zweifel haben, wenn Ihnen das Messergebnis „spanisch“ vorkommt, dann fragen Sie die befähigte Person (Bild 1.1). Sie werden dann merken, es ist gar nicht so einfach, die Ursachen ungewöhnlicher Messwerte zu ergründen.

Zu beachten ist vor allem:
Um ordnungsgemäß und sicher zu messen, sind nur die speziell für dieses Prüfen elektrischer Geräte vorgesehenen Prüfgeräte [13] zu verwenden. Der Prüfer sollte

- die Wirkungsweise dieser Prüfgeräte gut kennen und
- mit den Funktionen, Toleranzen, Daten usw. des von ihm verwendeten Prüfgeräts zu 100 % vertraut sein.

Bei den Messungen, die unter Verwendung der Netzspannung vorgenommen werden, kann es infolge eines defekten Prüflings oder einer Unachtsamkeit des Prüfers zu einer Durchströmung kommen. Sie müssen daher die denkbaren Gefährdungen kennen und sie durch Ihr sicherheitsgerechtes Verhalten möglichst ausschließen (s. Kapitel 11).

In den folgenden Abschnitten dieses Buchs werden Ihnen die Messschaltungen, das anzuwendende Prüfverfahren [16] sowie das Auswerten der Messergebnisse erläutert. Sie finden dort auch

- Messschaltungen mit Angabe der einzelnen Prüfschritte,
- Fotos, die beispielhaft das Anwenden der üblichen Prüfgeräte bei den jeweiligen Messungen vorführen.

Außerdem werden Ihnen alle Fachbegriffe erläutert, die z. B. hier bei den Messungen verwendet werden. Wenn Sie eines dieser Fachworte, z. B. den Berührungsstrom, nicht auf Anhieb verstehen, bitte nicht verzagen. Die Fachbegriffe sind nicht immer allein mit Hilfe der Logik entstanden; auch Elektrofachkräfte haben daher mitunter Schwierigkeiten, sie zu verstehen. Von Ihrer befähigten Person allerdings können Sie verlangen, dass sie sich auskennt. Sie muss alles bis ins Detail erklären können. Lassen Sie nicht locker.

Vor dem Beginn des Messens

Bevor es ernst wird mit dem Messen, sollten Sie jeden der Ihnen genannten Messabläufe (Bilder 2.1 bis 2.4) im Hinterkopf gespeichert haben. Wie das erfolgt?

- Machen Sie Probeläufe mit einem oder an zwei ganz einfachen elektrischen Geräten, die *Ihre befähigte Person* bereits sorgfältig geprüft hat.
- Verwenden Sie ein ganz einfaches Prüfgerät. Ohne Automatik, auch die Messwerte sollten Sie per Hand notieren und kritisch betrachten.
- Bedenken Sie, das Messen ist kein Zaubertrick. Ein Strom kommt aus dem Prüfgerät und fließt über das Messobjekt zu ihm zurück. Mehr passiert nicht. Die Elektronik des Prüfgeräts beherrscht das Ohmsche Gesetz, errechnet was nötig ist und zeigt Ihnen an, was sie ermittelt hat. Sie müssen allerdings wissen, welchen Weg der Strom im Prüfling nimmt, welches Messobjekt (siehe Bild 4.0.1) er durchfließt. In den Bildern, die das Prinzip des Messens darstellen (z. B. Bilder 4.0.1, 4.2.1, 5.1 usw.) ist dies gut zu erkennen.

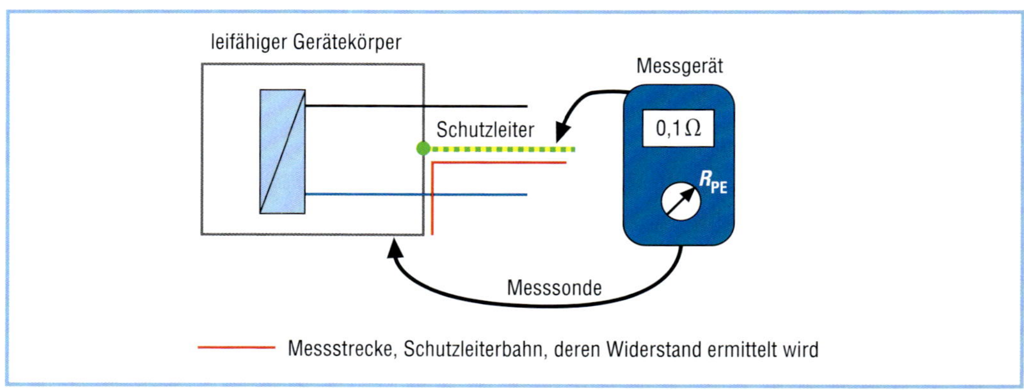

Bild 4.0.1
Messprinzip der Schutzleiterwiderstandsmessung, Messung 1; Stecker nicht eingezeichnet

4.1 Der Schutzleiter ist zu beurteilen. Messen und bewerten Sie seinen Widerstand!

Ziele des Prüfgangs:

- **Feststellen,** ob sich der Schutzleiter und seine Anschluss-/Kontaktstellen in einem ordnungsgemäßen Zustand befinden.
- **Feststellen,** ob an den Schutzleitsteckkontakten Korrosion vorhanden ist und daher Übergangswiderstände zu erwarten sind.
- **Feststellen,** an welchen Teilen des Körpers die Messung des Schutzleiterwiderstandes erfolgen muss.
- **Messen,** ob der Widerstand des Schutzleiters den Daten der Schutzleiterbahn (Länge, Querschnitt) entspricht und den zulässigen Grenzwert (Tabelle 4.1.1) nicht überschreitet.
- **Beurteilen,** ob der Schutzleiter die Funktion der Schutzmaßnahme gegen elektrischen Schlag (Fehlerschutz) zuverlässig gewährleistet.

4.1.1 Durchführen der Messung

Den ohmschen Schutzleiter-Widerstand zu messen, ist einfach. Dazu muss lediglich

- das Prüfgerät angeschlossen,
- mit dem Prüfling verbunden und
- sein Wahlschalter dementsprechend eingestellt

und dann, siehe **Bilder 4.0.1** bis **4.1.2**, die Messsonde an den Körper des Prüflings angelegt werden. Vom Prüfgerät wird in dieser Stellung

- ein konstanter Strom erzeugt erzeugt (0,2 A DC bzw. 10 A AC) und
- die am Prüfling (Messstrecke) anliegende Spannung gemessen.

Aus dem vorgegebenen Strom und der gemessenen Spannung ermittelt die Elektronik des Prüfgeräts dann den Wert des ohmschen Widerstands der Schutzleiterbahn (ohmsches Gesetz) und bringt ihn auf dem Display zur Anzeige.

→ Diese Messung sollte **an allen leitfähigen berührbaren Teilen** des Prüflings erfolgen.

Das heißt, zu messen ist

- nicht nur an den Teilen, die offensichtlich mit dem Schutzleiter verbunden sind, sondern
- auch an jenen, die aus Ihrer Sicht mit dem Schutzleiter verbunden sein *könnten.*

Ein Verzicht auf das Messen an einem dieser Teile ist gerechtfertigt, wenn es sich um Teile handelt,

- an die kein Schutzleiter angeschlossen wurde (z. B. Befestigungsschrauben),
- die auf dem Isolierkörper angebracht sind und offensichtlich keine Verbindung zum Schutzleiter haben (Bild 4.1.2 Messung 6) oder
- bei denen die Messung nicht gefordert wurde (Teile mit Kleinspannung, Bild 4.1.2 Messung 4)

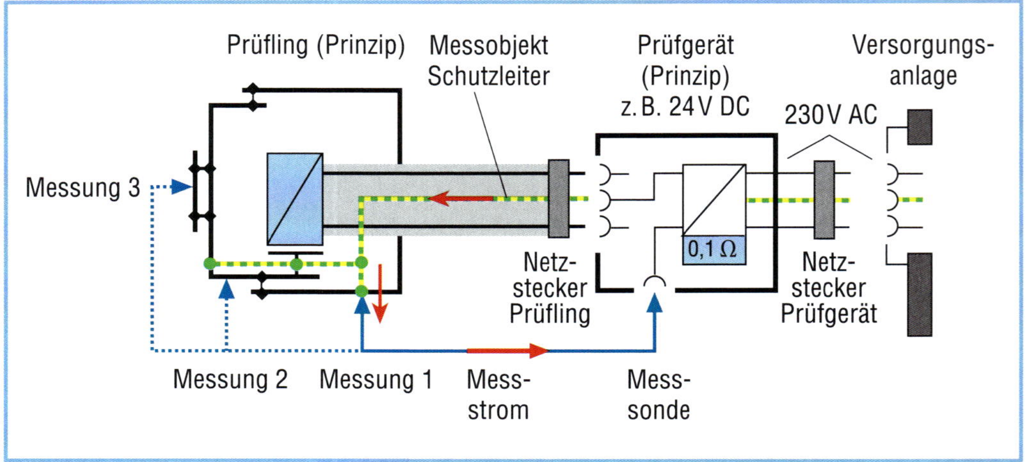

Bild 4.1.1
Prinzipdarstellung der Messung des Schutzleiterwiderstands R_{SL} zwischen den Messpunkten „Anschlussstecker des Prüflings" und „Prüflingskörper"

Messung	Art des Geräteteils, an dem gemessen wird	zu erwartender Messwert	Bemerkung
1	leitfähiger Körper des Geräts	≤ 0,3 Ω	Möglichst nahe der Anschlussstelle des Schutzleiters messen.
2	abnehmbarer leitfähiger Teil des Körpers.	≥ Messwert 1 ≤ 0,3 Ω	Der bei dieser Messung ermittelte Messwert bietet eine Aussage über die Qualität der inneren Verbindungen des Schutzleiters.
3	Handgriff, Aufsatz, Zierrat o. Ä.	Undefiniert, nicht von Belang, da der Teil nicht in die Schutzmaßnahme einbezogen werden muss.	Dieser Teil kann keine direkte Verbindung zu aktiven Teilen bekommen.

Erläuterung zu den Bildern 4.1.1 und 4.1.2

Vor der Messung ist zu klären,
- an welchen Teilen zu messen ist und
- ob es berührbare leitfähige Teile gibt, die eine Schutzschicht (Lack) aufweisen (Bild 4.1.2 Messung 6).

Prüfablauf
- Einstecken des Prüflingssteckers in die Prüfsteckdose des Prüfgeräts
- am Prüfgerät „Schutzleiterwiderstandsmessung" einstellen
- Antasten weiterer leitfähiger Teile des Körpers *(Messung 2 und gegebenenfalls Messungen 5 und 6)*

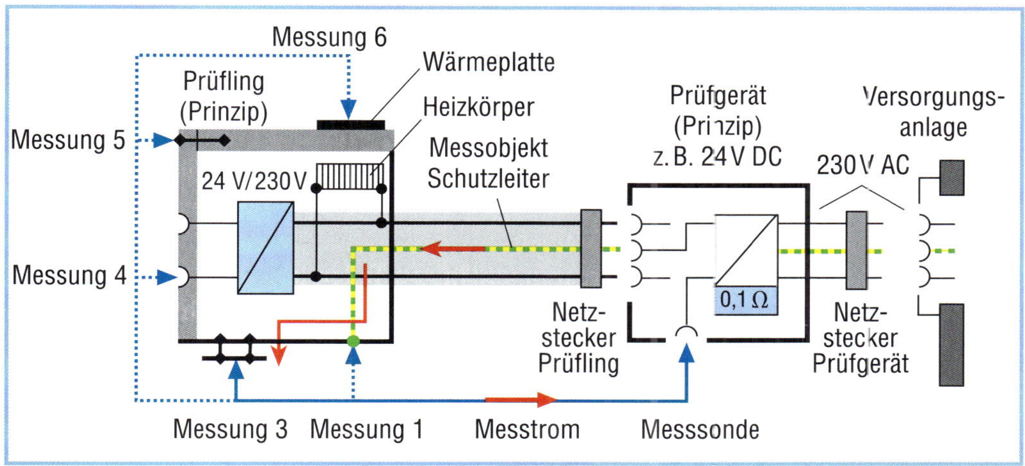

Bild 4.1.2

Prinzipdarstellung der Schutzleiterwiderstandsmessung auch an den „besonderen nicht an den Schutzleiter angeschlossene Teilen" des Prüflingskörper (Messungen 3 bis 6)

Messung	Art des Geräteteils, an dem gemessen wird	zu erwartender Messwert	Bemerkung
1	leitfähiger Körper des Geräts	≤ 0,3 Ω	Möglichst nahe der Anschlussstelle des Schutzleiters messen.
3	Handgriff, Aufsatz, Zierrat o. Ä.	Undefiniert, nicht von Belang, da der Teil nicht in die Schutzmaßnahme einbezogen werden muss.	Dieser Teil kann keine direkte Verbindung zu aktiven Teilen bekommen.
4	Buchsen mit vom Netz galvanisch getrennten Spannungssystemen	Keine Messung, da keine Verbindung mit dem Schutzleiter besteht. (Messwert = undefiniert)	Mit einem Prüfstrom von 10 A AC kann das Netzteil zerstört werden.
5	Befestigung, gegenüber leitenden Teilen schutzisoliert	Messung wird nicht gefordert, (Messwert = Skalenendwert)	Fehler der Isolierung wird bei der Messung des R_{ISO} festgestellt.
6	Standplatte, gegenüber leitenden Teilen schutzisoliert	Messung wird nicht gefordert, (Messwert = Skalenendwert)	Fehler der Isolierung wird bei der Messung des R_{ISO} festgestellt.

- Ablesen, Vergleichen, gedanklich Bewerten und Notieren/Speichern des Messwerts bei jeder Messung (Tabelle 4.1.1)
- gegebenenfalls Speichern des höchsten Messwerts im Prüfgerät/Laptop oder Notieren im Messprotokoll (Kapitel 9)
- Bewerten des Prüfgangs/Prüflings insgesamt mit „bestanden" oder „nicht bestanden/ zur Instandsetzung" (Tabelle 4.1.1) nach Vorgaben der befähigten Person

Hinweise zur Messung

- Wird an mehreren Stellen gemessen, so ist der höchste Messwert zu protokollieren.
- Schwankende Messwerte, Geräusche (bei hohen Prüfströmen) signalisieren lose Kontakte.
- Während der Messung sollte die Anschlussleitung des Prüflings abschnittsweise bewegt werden. Defekte an den Leitungsadern sind dann möglicherweise an den schwankenden Messwerten zu erkennen.
- Lackschichten, die sich auf berührbaren leitfähigen Teilen befinden, sind nicht als Isolierung und nicht als Berührungsschutz zu werten. Die Lackschicht sollte jedoch nicht angekratzt werden, um eine Messung durchführen zu können. Manchmal bauen Hersteller extra einen Schutzleitermesspunkt in ihre Geräte ein. Die befähigte Person sollte im Zweifelsfall klären, wie oder wo zu messen ist und wann die Messung eventuell ganz entfallen darf.
- Messungen an Teilen, die sich auf anderen, an den Schutzleiter angeschlossenen Teilen befinden, sind unnötig (Messung 3), da diese Teile nicht direkt an den Schutzleiter angeschlossen sein müssen. Die elektrische Verbindung zwischen beiden Teilen darf einen beliebigen, also auch höheren Widerstandswert aufweisen, als durch die Grenzwerte 0,3 Ω oder 1,0 Ω vorgegeben wird.
  Natürlich ist es immer nützlich und auch interessant, durch solche „freiwilligen" Messungen Erfahrungen zu sammeln.

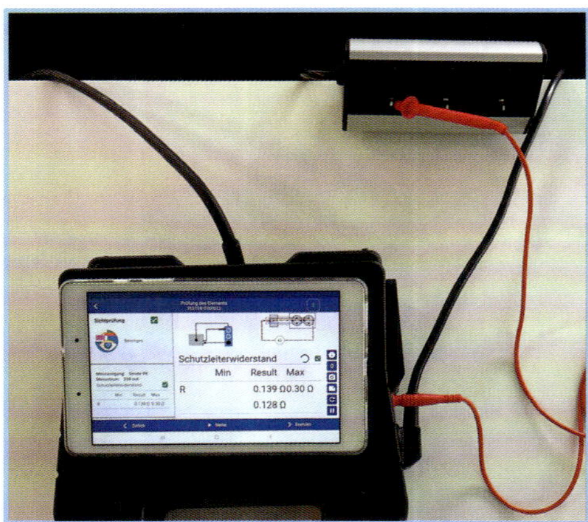

Foto 4.1.1
(entspricht Bild 4.1.1 und 4.1.2 Messungen 1 und 2)

Messung des Schutzleiterwiderstandes einer Tischsteckdose mit dem Prüfgerät „1-IT" (Safetytest)

Die Messung ist in allen drei Steckdosen durchzuführen, um alle Verbindungen nachzuweisen.

Foto 4.1.2
Messung des Schutzleiterwiderstands am Luftaulass eines Heisluftföns mit dem Prüfgerät „Gerätetester 6500" (Fluke)

Diese Messung entspricht der Messung 6 im Bild 4.1.2, mit ihr wird wahrscheinlich festgestellt, dss der Luftauslass keine Verbindung zum Schutzleiter hat. Es handelt sich um nicht an den Schutzleiter angeschlossene schutzisolierte Teile. In diesen Fällen wird vom Prüfgerät der Skalenendwert – hier 19,99 Ω – angezeigt.

4.1.2 Bewerten der Messung

Der Widerstand der Messstrecke ergibt sich durch

- den Schutzleiter der Anschlussleitung,
- die mit erfassten Körperteile des Prüflings (z. B. in Bild 4.1.2 die Messungen 3, 5 und 6),
- die Übergangswiderstände am Anschlussstecker,
- den Kontaktdruck und damit den Übergangswiderstand an der Messsonde sowie
- den Übergangswiderstand an den in der Messstrecke liegenden Verbindungsstellen der Körperteile (Bild 4.1.1 Messungen 2 und 3).

Es ist daher mitunter schwierig, die Ursachen eines ungewöhnlich hohen Schutzleiterwiderstands festzustellen. In diesem Fall ist es notwendig, mehrfach und gegebenenfalls an Teilstrecken der Schutzleiterbahn zu messen – z. B. zwischen den Punkten der Messungen 1 und 2 im Bild 4.1.1.

Übergangswiderstände können beseitigt/vermindert werden, indem mit einem hohen Prüfstrom (10 A) gemessen wird.

Bei einer einwandfreien Schutzleiterverbindung liegt der Messwert im Allgemeinen bei 0,1 Ω. In diesen Fällen muss nicht lange überlegt werden.

In **Tabelle 4.1.1** sind die erfahrungsgemäß auftretenden Messwerte, deren Ursachen und die jeweils erforderlichen bzw. zu empfehlenden Entscheidungen des Prüfers aufgeführt.

Ergeben sich unterschiedliche Messwerte, wenn die Prüfung mit einem anderen Prüfgerät/Messstrom wiederholt wird, so gilt das Ergebnis der Messung mit dem höheren Messstrom.

Zum Abschluss der Messung ist der höchste Messwert (Messung 2 bzw. 5) zu notieren oder zu speichern.

Weiterführende Informationen finden Sie in der angegebenen Literatur [16] [21] [22].

Tabelle 4.1.1
Vorgaben für den zulässigen Schutzleiterwiderstand nach VDE 0702 (Auswahl)

1. Für alle Leitungen (Schutzleiter) bis 5 m Länge und bis zu einem Bemessungsstrom von 16 A

Als Grenzwert für den Schutzleiterwiderstand dieser Leitungen wurde der Wert 0,3 Ω festgelegt.

Normenvorgaben		**Hinweise für den Prüfer** **zum Beurteilen[1] der Messergebnisse**	
Messwert R_{SL}	**Bewertung**	**Messwert R_{SL}**	**Ursache, Bewertung, Hinweis**
bis 0,3 Ω[2]	**bestanden**	**bis ca. 0,1 Ω**	praktisch kein Übergangswiderstand, ordnungsgemäßer Zustand
		über 0,1 Ω **bis ca. 0,2 Ω**	üblicher Übergangswiderstand, ordnungsgemäßer Zustand, bei kurzer Leitung Ursache des relativ hohen Wertes klären
		über 0,2 Ω **bis ca. 0,3 Ω**	relativ hoher Wert, Ursache klären: – Übergangswiderstand? – Entstörelement? – Kontaktfeder defekt?

2. Für alle anderen unter 1. nicht erfassten Leitungen

Der Widerstandswert (Istwert R_{SL}) des Schutzleiters der Leitung ist zu errechnen (Schätzung, s. Anhang 6). Der zu erwartende Übergangswiderstand $R_{Ü}$ am Schutzleiterkontakt des Netzsteckers und gegebenenfalls weitere Kontaktstellen (Anhang 6) ist pauschal mit 0,1 Ω anzunehmen und hinzuzurechnen.

Dieser so ermittelte Wert gilt für diesen Prüfling als *Grenzwert* des Schutzleiterwiderstands.

Er sollte vom verantwortlichen Prüfer errechnet/ermittelt und vorgegeben werden (s. Anhang 6).

Vorgabe		**Hinweise für den Prüfer**
Messwert R_{SL} etwa bis zum *Grenzwert*	**Bewertung** bestanden	Der Messwert ist mit den bei diesen Geräten/Leitungslängen üblichen Werten zu vergleichen und wie bei 1. zu bewerten.
über dem *Grenzwert*	nicht bestanden	Ursache klären: – Verschmutzung, höhere Übergangswiderstände? – Entstörelement im Schutzleiter? – Kontaktfeder defekt?

1 Über das Anwenden der in dieser Tabelle angegebenen Kriterien für die Messwerte sollte die befähigte Person in Abhängigkeit von der Art der zu prüfenden Geräte entscheiden und dies in der Prüfanweisung vorgeben.

2 Dieser allgemeingültige Grenzwert wurde gewählt, um dem Praktiker das Prüfen/Bewerten zu erleichtern. Er ist ungenau und für kurze Leitungen zu hoch (s. Anhang 6). Dies ist beim Bewerten der Messergebnisse zu beachten.

4.2 Die Isolierungen sind zu beurteilen

Ziele des Prüfgangs:

- **Feststellen,** an welchen Teilen des Körpers die Messung erfolgen muss.
- **Messen,** ob die Widerstände der Isolierungen zwischen den aktiven Teilen und den berührbaren leitfähigen Teilen den zulässigen Grenzwert nicht unterschreiten.
- **Beurteilen,** ob die Isolierungen den Schutz gegen elektrischen Schlag zuverlässig gewährleisten.

4.2.1 Durchführen der Messung

Es ist wiederum einfach, den Widerstand der Isolierungen (Isolationswiderstand) zu messen.

- Der Netzstecker des Prüflings verbleibt nach dem Messen des Schutzleiterwiderstands in der Prüfsteckdose,
- lediglich der Wahlschalter des Prüfgeräts ist neu einzustellen.

Bild 4.2.1 zeigt das Prinzip der Messung:

Vom Prüfgerät wird

- eine Mess(gleich)spannung von etwa 500 V DC erzeugt und
- auf die aktiven Leiter (L und N) gegen den Schutzleiter und die Sonde gegeben, wodurch
- der über die Isolierung gegen Schutzleiter und andere berührbare leitfähige Teile fließende Strom gemessen wird.

Aus Strom und Spannung ermittelt die Elektronik des Messgeräts (Ohmsches Gesetz) den Wert des ohmschen Widerstands der Isolierungen und bringt diesen auf dem Display zur Anzeige.

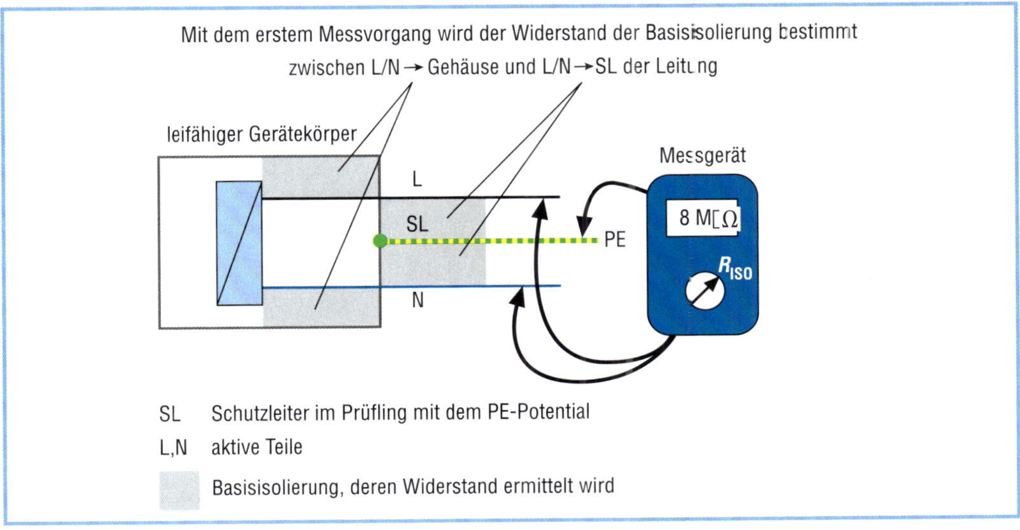

Bild 4.2.1
Messprinzip der Isolationswiderstandsmessung

Je nach Art des zu prüfenden Geräts (**Bild 4.2.2** oder **4.2.3**) sind ein oder zwei Messvorgänge durchzuführen.

Bei beiden Geräten geht es um den Widerstand der sogenannten ***Basisisolierungen*** zwischen den aktiven Leitern und dem leitfähigen Gehäuse (und dem PE).

Bei Geräten mit Abdeckungen aus Isolierstoff (Bild 4.2.3) ist jedes berührbare Metallteil mit der Sonde abzutasten und der Isolationswiderstand festzustellen.

Eine detaillierte Darstellung der Prüfschaltungen zeigen die **Bilder 4.2.2** und **4.2.3.**

Befinden sich im Prüfling **Relais** oder andere **Schalteinrichtungen**, die **mit Netzspannung** zu betätigen sind, so werden nicht alle aktiven Teile von der Messspannung erreicht (**Bild 4.2.4 a**); die Messung darf dann entfallen, da sie nur unvollständig durchgeführt werden kann.

→ Bei Prüflingen mit im Bild 4.2.4 gezeigten Besonderheiten/Merkmalen sollte die Messung des Isolationswiderstands nur nach Konsultation oder auf Weisung der befähigten Person vorgenommen werden.

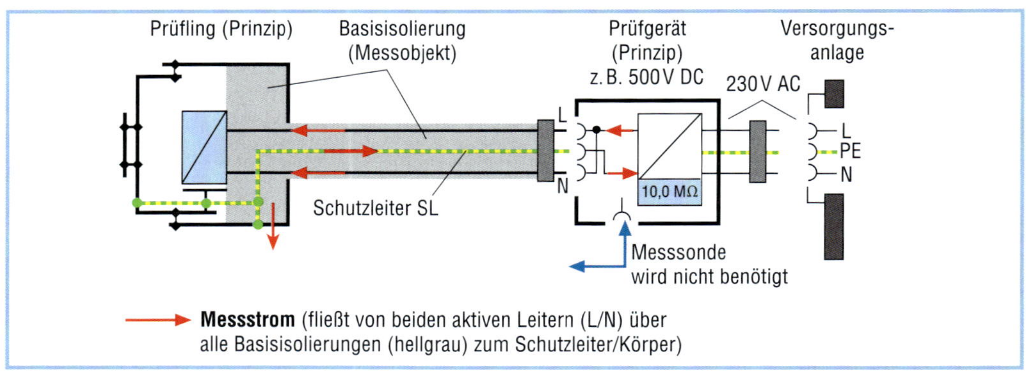

Bild 4.2.2
Prinzipdarstellung des ersten Messvorgangs des Isolationswiderstands R_{ISO} an der Basisisolierung zwischen den aktiven Teilen und dem Körper/Schutzleiter.

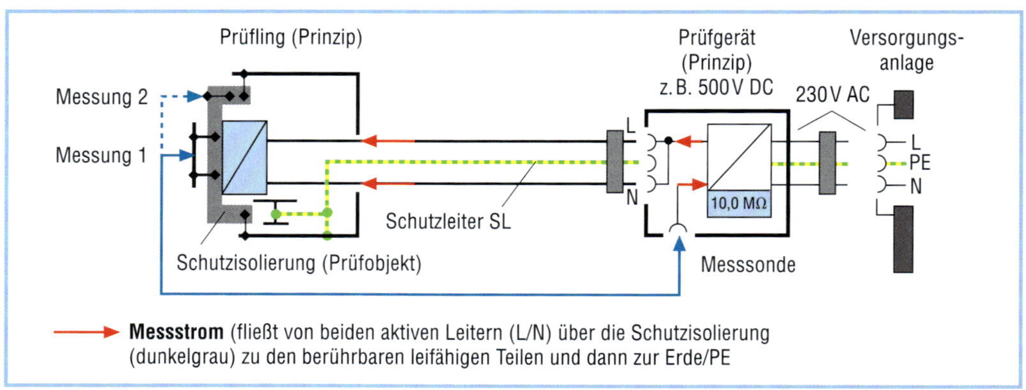

Bild 4.2.3
Prinzipdarstellung des zweiten Messvorgangs des Isolationswiderstands R_{ISO} an der Schutzisolierung zwischen den aktiven Teilen und den bei diesem Prüfling vorhandenen nicht an den Schutzleiter angeschlossenen berührbaren leitfähigen Teilen.

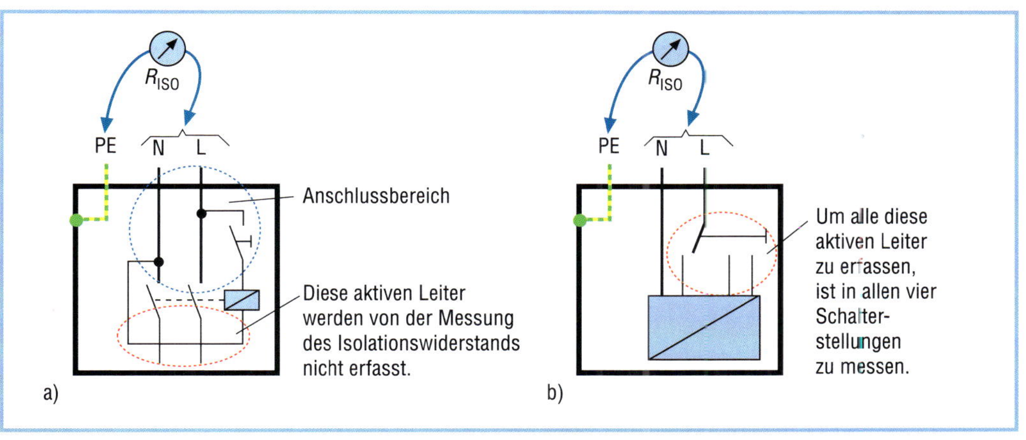

Erläuterung zu den Bildern 4.2.2 und 4.2.3

Vor Beginn der Messungen klären, ob sich im Prüfling

- elektronische Bauelemente (s. Kapitel 6),
- Ausgänge mit Kleinspannung (s. Kapitel 6) oder
- mit Netzspannung zu betätigende Bauelemente (Bild 4.2.4 a)

befinden. Wenn ja, ist von der befähigten Person zu klären, ob/wie zu messen ist.

Prüfvorgang 1: Messen an der Basisisolierung (L/N – SL) nach Bild 4.2.2

Nach der vorangegangenen, im Abschnitt 4.3 beschriebenen Messung des Schutzleiterwiderstands befindet sich der Prüflingsstecker noch in der Prüfsteckdose.

- Prüfling mit Prüfgerät verbinden
- am Prüfgerät „Isolationswiderstandsmessung" (R_{ISO}) einstellen (Achtung! Messspannung 500 V DC liegt an!)
- Messwert ablesen, vergleichen (Tabelle 4.2.1), gedanklich bewerten
- Messung in allen Stellungen der im Prüfling vorhandenen Schalter (Bild 4.2.4 b) wiederholen
- den geringsten Messwert notieren/speichern

Prüfvorgang 2: Messen an der Schutzisolierung (L/N – leitfähiges Teil) nach Bild 4.2.3

- Prüfsonde einstecken und – je nach Prüfgerät – Einstellung ändern
- alle nicht mit dem Schutzleiter verbundenen berührbaren Teile (Messungen M1 und M2) abtasten, außer Anschlüsse mit Kleinspannung (s. Bild 6.2.2)
- Messung in allen Stellungen der im Prüfling vorhandenen Schalter wiederholen (Bild 4.2.4 b)
- den niedrigsten Messwert notieren/speichern

Hinweise zu den Messungen des Isolationswiderstands

- Ungewöhnliche oder schwankende Messwerte oder Geräusche im Prüfling signalisieren einen Defekt.
- Während jeder Messung sollte die Anschlussleitung des Prüflings bewegt werden. Defekte an den Aderisolationen sind dabei möglicherweise durch Schwanken der Messwerte zu erkennen.
- Lackschichten, die sich auf berührbaren leitfähigen Teilen befinden, sind nicht als Isolierung und nicht als Berührungsschutz zu werten. Die Lackschicht sollte jedoch nicht angekratzt werden, um eine Messung durchführen zu können. Die befähigte Person sollte im Zweifelsfall klären, wie oder wo in Zweifelsfällen zu messen ist und wann die Messung eventuell ganz entfallen darf.

Foto 4.2.1
(entspricht dem im Bild 4.2.2 dargestellten ersten Messvorgang.) Da keine berührbaren leitfähigen Teile vorhanden sind, ist der Einsatz der Sonde nicht nötig.

Messung des Isolationswiderstands (Basisisolierung zwischen den aktiven Teilen und dem Schutzleiter/Körper) an einem Wasserkochtopf mit dem Prüfgerät „Gerätetester 6500" (Fluke)

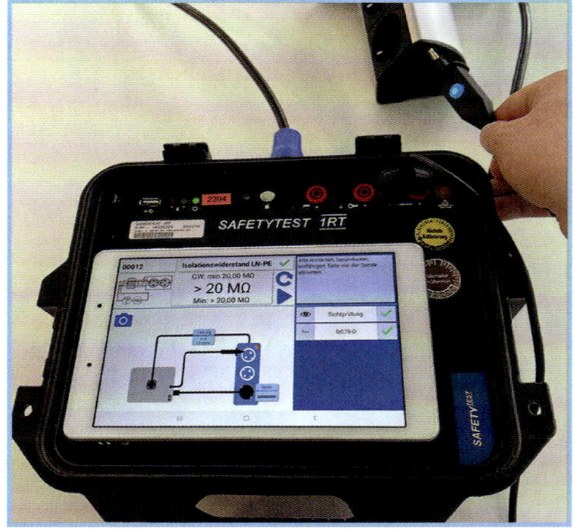

Foto 4.2.2
(entspricht dem im Bild 4.2.3 dargestellten zweiten Messvorgang)

Messung des Isolationswiderstands (Schutzisolierung zwischen den aktiven Teilen und einem berührbaren leitfähigen Teil ohne Schutzleiteranschluss) mit dem Prüfgerät 1RT (Safetytest)

4.2.2 Bewerten der Messungen

Das Beurteilen der Messwerte ist gar nicht so einfach.

Im Neuzustand haben Isolierungen eines einfachen elektrischen Geräts einen Isolationswiderstand weit mehr als 100 MΩ, der mit zunehmender Alterung des Gerätes geringer werden kann. Ursache sind Umwelteinflüsse (Verschmutzungen, Luftfeuchte) sowie die je nach Qualität der Isolierstoffe unterschiedlich verlaufende Alterung.

Welche Werte des Isolationswiderstands sich dadurch ergeben, ist nicht vorhersehbar und hängt auch von der Geräteart (mit oder ohne Heizelemente) oder dem Einsatzort (Büro, Baustelle usw.) ab.

Diese Entwicklung beschert uns aber folgendes Problem:

- Einerseits ist das Absinken des Widerstandswerts ein normaler, d. h. „betriebsmäßiger" Vorgang, der praktisch keine Auswirkungen auf die Sicherheit hat. Ein gegenüber dem Neuzustand verminderter Isolationswiderstand, der noch einen gehörigen Abstand (... 10 MΩ ... 20 MΩ ...) zum zulässigen Grenzwert (1 MΩ bzw. 2 MΩ) aufweist, ist somit normal und nicht als Fehler anzusehen.
- Andererseits ist ein verminderter Isolationswiderstand natürlich ein Grund zur Beanstandung, wenn er durch einen mechanischen Defekt der Isolierung oder durch nicht übliche/zulässige Verschmutzung hervorgerufen wurde.

Es ist unmöglich, für die beiden üblichen Zustände

- gealtert (eventuell auch verschmutzt, feucht usw.) oder
- beschädigt (eventuell auch verschmutzt, feucht usw.),

die meist gar nicht exakt zu bestimmen sind, jeweils einen Grenzwert des Isolationswiderstands vorzugeben. Um dem Prüfer trotzdem eine Beurteilung der Messwerte zu ermöglichen, wurde ein Kompromiss geschlossen und für den Isolationswiderstand zwei geringe, hinsichtlich der Sicherheit aber „noch" vertretbare allgemeingültige Grenzwerte festgelegt. Dies sind

- der Grenzwert für den Widerstand der Basisisolierung zwischen den aktiven Teilen (L/N) und dem Schutzleiter (SL) sowie den mit ihm verbundenen Teilen (Bild 4.2.2)

  R_{ISO} = 1 MΩ (s. Tabelle 4.2.1) und

- der Grenzwert für den Widerstand der Schutzisolierung zwischen den aktiven Teilen (L/N) und den berührbaren leitfähigen, nicht an den Schutzleiter angeschlossenen Teilen (Bild 4.2.3).

  R_{ISO} = 2 MΩ (s. Tabelle 4.2.2)

Leider hat auch dieser Kompromiss noch eine weitere Schwachstelle. Es ist unvermeidbar, dass bei bestimmten Gerätearten der erstgenannte Grenzwert von R_{ISO} = 1 MΩ „betriebsmäßig" unterschritten wird. Dies ist oftmals bereits im Neuzustand der Fall und muss somit auch bei der Wiederholungsprüfung akzeptiert werden. Es handelt sich dabei z. B.

- um Geräte mit Heizelementen, deren wärmespeichernde/isolierende Materialien hygroskopisch sind und im Ruhezustand Luftfeuchte aufnehmen, oder
- um Geräte mit EMV-Beschaltungen, bei denen auch Funkentstörglieder zum Einsatz kommen, deren funktionsbedingte Widerstandswerte von 40 kΩ bis einigen hundert kΩ das Messergebnis bestimmen.

→ Solche Geräte muss der Prüfer beim Besichtigen und/oder durch die von den „normalen" Geräten deutlich abweichenden, ungewöhnlich niedrigen Messwerte erkennen. Ist er dazu nicht in der Lage, so muss die befähigten Person diese Geräte prüfen.

Die Bewertung erfolgt, indem der Prüfer seine Messwerte mit den in den **Tabellen 4.2.1** und **4.2.2** enthaltenen Vorgaben (Grenzwerte) vergleicht, dabei gegebenenfalls die oben genannten Besonderheiten berücksichtigt und dann über das Ergebnis des Prüfgangs entscheidet.

Tabelle 4.2.2
Vorgaben (VDE 0702) für den Isolationswiderstand R_{ISO} der Schutzisolierung (Bild 4.2.3) zwischen den aktiven Teilen (L/N) und den berührbaren leitfähigen Teilen, die nicht an den Schutzleiter angeschlossen sind, Bewerten der Messwerte

Normenvorgaben (nach VDE 0702 [16])		**Hinweise für den Prüfer zum Beurteilen[1] der Messergebnisse**	
Messwert R_{ISO}	**Bewertung nach Norm**	**Messwert R_{ISO}**	**Bewertung**
Skalenendwert oder über **2 MΩ** (einschließlich)	**bestanden**	**im Bereich des Skalenendwerts** (z. B. **9,99 MΩ**) oder etwas darunter	Das Gerät ist neu oder wurde unter idealen Bedingungen betrieben.
		erheblich **unter dem Skalenendwert,** aber noch **deutlich über 2 MΩ**	Es hat den Anschein, dass Verschmutzungen, Nässe oder andere Einwirkungen den relativ geringen Widerstandswert verursacht haben. Die Ursache sollte geklärt werden.
		im Bereich von **2 MΩ**	Ein Defekt und/oder erhebliche Verschmutzungen sind wahrscheinlich. Die Ursache sollte geklärt werden.
unter **2 MΩ**	**nicht bestanden**	unter **2 MΩ**	Schäden/Verschmutzungen, die einen derart geringen Widerstandswert zur Folge haben, müssten bereits beim Besichtigen entdeckt worden sein. Gerät aussondern oder zur Instandsetzung geben.

1 Über das Anwenden der in der Tabelle angegebenen Merkmale für das Bewerten der Messwerte sollte die befähigte Person in Abhängigkeit von der Art der zu prüfenden Geräte entscheiden.

Weiterführende Informationen zur Messung des Isolationswiderstands finden Sie in der angegebenen Literatur [9] [11] [16] [17].

Tabelle 4.2.1
Vorgaben (VDE 0702) für den Isolationswiderstand R_{ISO} der Basisisolierung (Bild 4.2.2) zwischen den aktiven Teilen (L/N) und dem Schutzleiter (SL), Bewerten der Messwerte

Normenvorgaben (nach VDE 0702 [16])		**Hinweise für den Prüfer zum Beurteilen[1] der Messergebnisse**	
Messwert R_{ISO}	**Bewertung nach Norm**	**Messwert R_{Iso}**	**Bewertung**
Skalenendwert bzw. über **1 MΩ** (einschließlich)	**bestanden**	im Bereich des Skalenendwerts (z.B. **9,99 MΩ**) oder etwas darunter	das Gerät ist neu oder wurde unter idealen Bedingungen betrieben
		erheblich unter dem Skalenendwert, aber deutlich über **1 MΩ**	entspricht zumeist dem ordnungsgemäßen Zustand eines bereits betriebenen Geräts, das der üblichen Alterung/Verschmutzung unterliegt
		bei oder gerade noch über **1 MΩ**	klären, ob dieser Messwert bei derartigen Geräten üblich ist? **Wenn ja:** **Messung bestanden** **Wenn nein:** **Instandsetzung** (Im Zweifelsfall dem verantwortlichen Prüfer vorlegen)
Messwert R_{ISO}	**Bewertung nach Norm**	**Ausnahmeregelungen[2] der Norm nach denen ein Grenzwert unter 1 MΩ zulässig ist**	
unter 1 MΩ	**nicht bestanden** (aber) →	**Ausnahme für Geräte mit**	**zulässiger Grenzwert**
		1. Heizelementen	**0,3 MΩ**
		2. Heizelementen mit Gesamtleistung > 3,5 kW	auch weniger als **0,3 MΩ** (wenn bei der Messung des Schutzleiterstroms der Grenzwert 3,5 mA nicht überschritten wird)
		3. EMV-Beschaltung (L/N-PE), die auch Widerstände enthält	Widerstandswert der Beschaltung z. B. **140 kΩ**, wenn auch Entladewiderstände vorhanden sind
		4. berührbaren Teilen bei Schutzmaßnahme „Kleinspannung“ (SELV, PELV)	**0,25 MΩ** (auf diese Messung darf verzichtet werden), s. Abschnitt 6.2.

1 Über das Anwenden der in der Tabelle angegebenen Merkmale für das Bewerten der Messwerte sollte die befähigte Person in Abhängigkeit von der Art der zu prüfenden Geräte entscheiden.

2 Über das Anwenden der in der Tabelle angegebenen Ausnahmeregelungen durch die EUP sollte die befähigte Person entscheiden.

4.3 Die durch Ableit- bzw. Fehlerströme entstehenden Gefährdungen sind zu ermitteln

Ziele des Prüfgangs:

- **Messen,** ob die über Isolierungen und etwaige Beschaltungen fließenden Ströme den jeweils zulässigen Grenzwert nicht überschreiten.
- **Beurteilen,** ob der Schutz gegen elektrischen Schlag zuverlässig gewährleistet oder eine Gefährdung vorhanden ist.

4.3.1 Vorbereiten der Strommessungen

Die in den Geräten zur Anwendung kommenden festen Isolierstoffe haben zwar einen sehr hohen Isolationswiderstand (Abschnitt 4.2), lassen aber zu, dass ständig ein mehr oder weniger kleiner Ableitstrom fließt (**Bild 4.3.1** und **4.3.3**). Hinzu kommen

- ein durch Nässe, Verschmutzung oder Beschädigung der Isolierungen möglicherweise entstehender Fehlerstrom sowie
- der Ableitstrom der heutzutage oft unvermeidbaren EMV-Beschaltungen; er kann recht hohe Werte annehmen, bis in den mA-Bereich.

Jeder dieser Ströme – oder alle zusammen – können unter bestimmten Bedingungen zu einem den Benutzer des Geräts gefährdenden Körperstrom werden. Es ist daher festzustellen, ob sie vorhanden sind und welchen Wert sie angenommen haben. Ihre Summe wird, je nachdem, wie und wo die Messung erfolgt, unterschiedlich benannt, als

- Schutzleiterstrom (**Bild 4.3.1** und **4.3.2**) oder als
- Berührungsstrom (**Bild 4.3.3** und **4.3.4**).

Es ist problemlos möglich beide Ströme mit den für diese Prüfungen vorgesehenen Prüfgeräten (s. Fotos) [13] zu messen (**Bild 4.3.2** und **4.3.4**).

Aus den dabei festgestellten Messwerten können Aussagen abgeleitet werden

- über den Zustand des Prüflings (Isolierungen und EMV-Beschaltung) sowie
- über Gefährdungen (Durchströmung), die sich möglicherweise für den Anwender des betreffenden Geräts ergeben.

Achtung! Bitte Folgendes beachten, bevor mit dem Messen begonnen wird:

- Erstmalig kommt jetzt die Netzspannung als Messspannung zum Einsatz. Ein Defekt, der durch das Besichtigen und die bisherigen Messungen nicht gefunden wurde, kann zu einer Gefährdung für den Prüfer führen.
- Je nach Art des Prüfgeräts erfolgt das Zuführen der Netzspannung zum Prüfling entweder
  - durch das Umstecken seines Netzsteckers von der Prüf- in die Netzsteckdose oder
  - automatisch bei Prüfgeräten mit nur einer Steckdose, sobald die Strommessung gestartet wird.
- Mit dem Umschalten des Prüfgeräte-Wahlschalters auf die Stellungen „Schutzleiterstrom" oder „Berührungsstrom" bzw. mit dem Einstecken des Gerätesteckers des Prüflings in die Netzsteckdose wird der Prüfling in Betrieb genommen (drehen, schneiden, heizen). Darauf muss der Prüfer vorbereitet sein, um Gefährdungen zu vermeiden.

4.3.2 Messen und Bewerten des Schutzleiterstroms

Bitte bemühen Sie sich, die Wege und den Zusammenhang der im Bild 4.3.1 dargestellten Ströme zu verfolgen und zu verstehen. Der *Schutzleiterstrom* (Strom im Schutzleiter) und sein Ursprung sollten für Sie plausibel sein.

- Er kann direkt im Schutzleiter gemessen werden, wie es im Bild 4.3.1 dargestellt ist.
- Meist erfolgt seine Messung mit dem im Bild 4.3.2 dargestellten Differenzstrom-Messverfahren. Angezeigt wird hierbei die Differenz der Ströme in den aktiven Leitern (L, N) und damit der gesuchte, über den Schutzleiter abfließende Schutzleiterstrom. Mit ihm werden alle Ströme erfasst, die von den aktiven Teilen des Prüflings über die Basisisolierung zum Schutzleiter fließen.

Je nach Art und Zustand des Prüflings besteht der Schutzleiterstrom I_{SL} aus

- den Ableitströmen I_A der Basisisolierungen,
- den Ableitströmen I_{AC} der EMV-Beschaltung und gegebenenfalls auch
- den Fehlerströmen I_F der Basisisolierung (im Bild 4.3.2 nicht eingezeichnet).

Zu beachten ist weiterhin:

- Der Schutzleiterstrom wird bei einigen Prüfgeräten (s. Bild 4.3.1) durch eine „direkte Messung" im Schutzleiter ermittelt. Wenn dies bei Ihrem Prüfgerät der Fall ist, darf das leitende Gehäuse des Prüflings während der Messung keinen Kontakt zu einem mit dem Erdpotential verbundenen Teil haben.
- Es gibt auch einfache Prüfgeräte, bei denen zum Messen eine vom Versorgungsnetz getrennte Alternative Methode, früher „Ersatz-Ableitstrommessverfahren", angewandt wird. Mit ihnen ist bei den in Bild 4.2.4 a dargestellten Prüflingen keine ordnungsgemäße Messung des Schutzleiterstroms möglich. Aus diesem Grund ist die Anwendung der Alternativen Methode nur nach bestandener Isolationsmessung zulässig. Die Alternative Methode sollte nur noch angewendet werden, wenn die anderen Verfahren aus technischen Gründen nicht anwendbar sind und die befähigte Person dies so vorgibt.
- Die Prüfsonde wird bei dieser Messung nicht benötigt, da die Netzspannung den aktiven Teilen direkt, d. h. über die Adern der Anschlussleitungen (L – N) zugeführt wird.
- Ist der Prüfling mit einem oder mehreren Wahlschaltern (Bild 4.2.4 b) ausgestattet, so muss das Messen in allen deren Stellungen erfolgen.
- Bei der im Bild 4.3.1 und im Bild 4.3.2 dargestellten Messung werden nur die Ableit- oder Fehlerströme des mit dem Außenleiter (L) der Anlage verbundenen aktiven Leiters des Prüflings erfasst. Nach der ersten Messung muss daher der Netzstecker des Prüflings umgepolt (umgesteckt/umgeschaltet) werden, um mit einer zweiten Messung die Ableit-/Fehlerströme des anderen Leiters festzustellen.

Das Beurteilen der Messwerte des Schutzleiterstroms erfolgt durch deren Vergleich mit den in Tabelle 4.3.1 angegebenen Grenzwerten. Es wird empfohlen, nicht nur das Unter-/Überschreiten der Grenzwerte zu betrachten und damit zwischen „Bestanden" und „Nicht bestanden" zu unterscheiden. Es sollte unter Beachtung der aufgeführten

Hinweise auch nach der Ursache eines geringen oder hohen Messwerts gefragt werden, um auf diese Weise Abweichungen vom Normalzustand, d.h. entstehende Fehler usw. erkennen zu können.

Der Schutzleiterstrom sollte bei beiden Messungen etwa gleich groß sein. Weichen die Messwerte erheblich voneinander ab, so ist dies ein Hinweis auf eine defekte EMV-Beschaltung.

Die Bewertung vereinfacht sich erheblich, wenn dem Prüfer bekannt ist,

- ob sich im Prüfling eine EMV-Beschaltung zwischen dem aktiven Leiter und dem Schutzleiter befindet (Bild 4.3.2) und
- wie hoch deren betriebsmäßiger Ableitstrom ist.

Diese Informationen sind zu erhalten

- durch das Messen des Schutzleiterstroms (Ableitstrom der Beschaltung) bei der vorhergehenden Prüfung des Geräts oder
- durch eine Rückfrage beim Hersteller/Servicebetrieb oder bei anderen Anwendern/Prüfern derartiger Geräte.

Alle diese mühsam zu beschaffenden Werte sollten Sie am Prüfplatz hinterlegen, vielleicht als Bemerkung in der Prüfanweisung oder als gesonderten Aushang (s. Folgeseite).

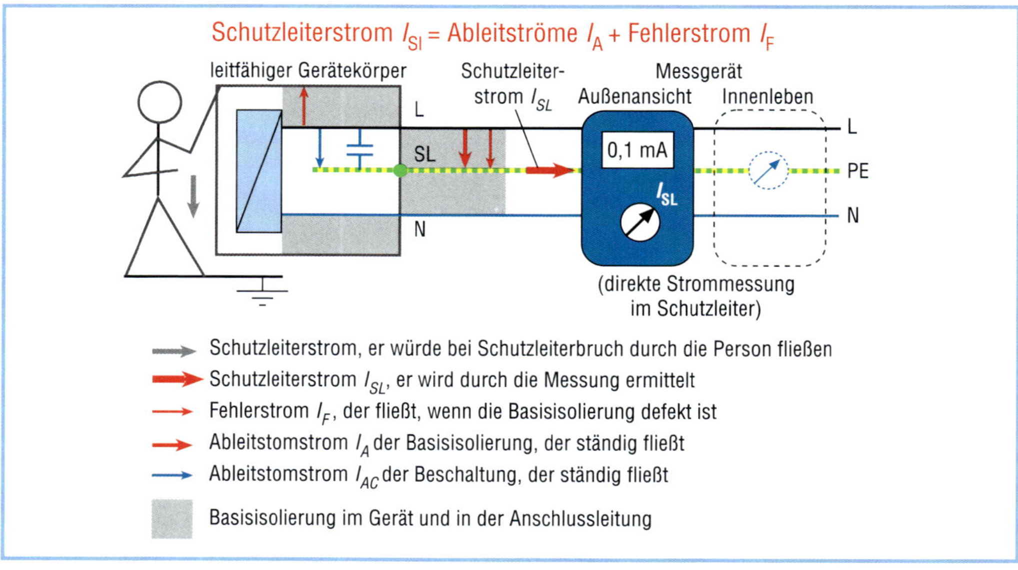

Bild 4.3.1
Prinzip der Messung des Schutzleiterstroms, Verfahren der direkten Messung

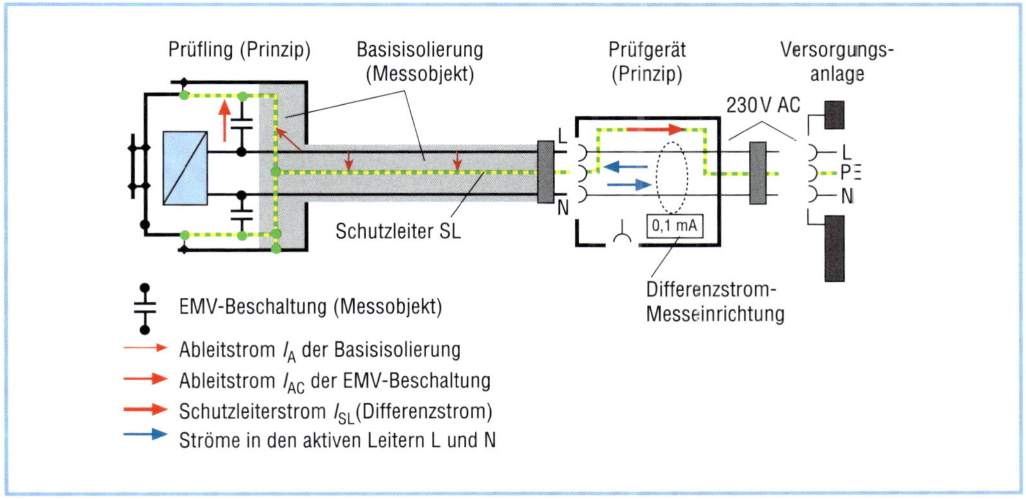

Bild 4.3.2
Prinzipdarstellung der Messung des Schutzleiterstroms I_{SL} mit dem Messverfahren „Differenzstrommessung". Ein etwaiger Fehlerstrom wurde im Bild nicht mit eingetragen. Es gilt daher $I_{SL} = I_L - I_N$.

Erläuterung zum Bild 4.3.2

Vor der Messung:

- Es sollte geklärt werden, ob es sich um ein Gerät mit einer EMV-Beschaltung handelt und wenn ja, wie hoch ihr Ableitstrom ist.
- Es ist zu bedenken, dass im Moment des Messbeginns auch das Gerät in Betrieb genommen wird und dadurch eine Gefährdung (drehen, heizen, schneiden) entstehen kann.

Ablauf der Messung

Der Netzstecker des Prüfgeräts verbleibt in der Steckdose der Versorgungsanlage.

- Messsonde abziehen *(sofern nicht fest angeschlossen)* oder Prüfspitze schützen.
- Achtung! Mit dem folgenden Arbeitsschritt wird der Prüfling in Betrieb gesetzt!
  1. **Prüfling bewusst abschalten!**
  2. **Einstellen des Prüfgeräte-Wahlschalters auf „Schutzleiterstrommessung" bzw. „I_{SL}".**
  3. **Prüfling bewusst wieder einschalten! Achtung dies ist eine Inbetriebnahme!**
- Ablesen und Bewerten des Messwerts (**Tabelle 4.3.1**).
- Umpolen des Netzstecker des Prüflings und zweite Messung.
- Bei Prüflingen mit Wahlschaltern (Bild 4.2.4 b) die Messung in jeder Schalterstellung wiederholen.
- Den höchsten Messwert speichern oder notieren (Kapitel 10).
- Bewerten des Prüfgangs insgesamt mit „Bestanden" oder „Nicht bestanden".

Tabelle 4.3.1
Vorgaben für den Schutzleiterstrom I_{SL}, Bewerten der Messergebnisse

<table>
<tr><th colspan="2">Normenvorgaben
(nach VDE 0702 [16])</th><th colspan="2">Hinweise für den Prüfer
zum Beurteilen der Messergebnisse</th></tr>
<tr><th>Messwert I_{SL}</th><th>Bewertung nach Norm</th><th>Messwert I_{SL}</th><th>Bewertung</th></tr>
<tr><td rowspan="3">zwischen
0 mA
und
3,5 mA
(einschließlich)</td><td rowspan="3">**bestanden**</td><td>**0 mA**</td><td>das Gerät ist neu oder wurde unter idealen Bedingungen betrieben</td></tr>
<tr><td>**über 0 mA**
bis
ca. 0,1 mA</td><td>entspricht dem ordnungsgemäßen Zustand eines bereits betriebenen Geräts, das der üblichen Alterung/ Verschmutzung unterliegt</td></tr>
<tr><td>über **ca. 0,1 mA**
bis einschließlich
3,5 mA</td><td>**Gerät ohne EMV-Beschaltung:**
Der Wert ist relativ hoch.
Die Ursache sollte geklärt werden.
Möglich sind:
– Verschmutzungen
– Nässe
– beschädigte Isolierung.
Entscheidung durch den verantwortlichen Prüfer
Gerät mit EMV-Beschaltung:
Vergleich mit dem Messwert der vorhergehenden Prüfung</td></tr>
<tr><th>Messwert I_{SL}</th><th>Bewertung nach Norm →</th><th colspan="2">Ausnahmeregelungen der Norm
nach denen ein Grenzwert über 3,5 mA zulässig ist</th></tr>
<tr><td rowspan="4">**über 3,5 mA**
bis
10 mA
(einschließlich)</td><td rowspan="5">**nicht bestanden**
(aber) →</td><th>Ausnahme für Geräte</th><th>zulässiger Grenzwert</th></tr>
<tr><td>**1.** mit EMV-Beschaltung, für deren Ableitstrom
– vom Hersteller oder
– in der entsprechenden Gerätenorm ein Wert genannt wird</td><td>**vom Hersteller oder in der Norm angegebener Wert, meistens 5 mA**</td></tr>
<tr><td>**2.** mit EMV-Beschaltung, deren Ableitstromwert bei der Erstprüfung zweifelsfrei festgestellt wurde</td><td>festgestellter Wert</td></tr>
<tr><td>**3.** die durch besondere Maßnahmen – CEE-Stecker / zweiter Schutzleiter – für einen Ableitstrom bis **10 mA** ausgelegt sind</td><td>**10 mA**</td></tr>
<tr><td>**über 10 mA**</td><td>**4.** die durch besondere Maßnahmen – CEE-Stecker / zweiter Schutzleiter – ausdrücklich für einen höheren Ableitstrom ausgelegt sind</td><td>**vom Hersteller oder in der Norm angegebener Wert**
Entscheidung durch den verantwortlichen Prüfer</td></tr>
</table>

Schutzleiterstrom-Messung

Foto 4.3.1 (entspricht Bild 4.3.2)
Messung des Schutzleiterstroms an einem Computer mit dem Prüfgerät EMB (Mebedo)

Berührungsstromstrom-Messung

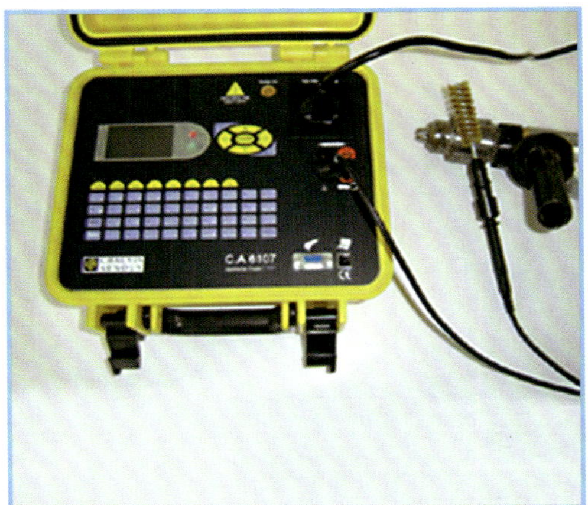

Foto 4.3.2
Messung des Berührungsstroms an einer Bohrmaschine mit dem Prüfgerät C.A. 6107 (Chauvin Arnoux) unter Verwendung eines Bürstensensors zur Kontaktgabe am rotierenden Bohrfutter der in Funktion befindlichen Bohrmaschine. Das Messprinzip entspricht dem der Messungen 1 und 2 im Bild 4.3.4

Foto 4.3.3
Messen des Berührungsstroms an der leitfähigen, gegenüber den Heizelementen schutzisolierten Kochplatte. Das Messprinzip entspricht dem der Messungen 1 und 2 im Bild 4.3.4

4.3.3 Messen und Bewerten des Berührungsstroms

Weiterhin sollten Sie sich eingehend über den Berührungsstrom informieren. Er wurde so benannt, weil er erst im „Moment des Berührens“ entsteht. Mit der Messung wird ermittelt, welcher Stromwert sich ergeben wird, wenn eine solche Berührung erfolgt. Dabei „ersetzt“ das Prüfgerät mit einem entsprechenden Innenwiderstand die berührende Person.

Mit dem im **Bild 4.3.3** sowie im **Bild 4.3.4** dargestellten direkten Messverfahren und dem im Foto 4.3.2 gezeigten Prüfgerät (Beispiel) kann dieser Berührungsstrom ermittelt werden. Er fließt (s. Bild 4.3.3) bei einer Berührung des zu prüfenden Geräts

- ausgehend von einem aktiven Teil des Prüflings
- über dessen Schutzisolierungen
- durch die berührende Person zu Erde.

Je nach Art und Zustand des Prüflings besteht er aus

- den Ableitströmen I_A der Isolierungen und gegebenenfalls auch
- einem Fehlerstrom I_F der Schutzisolierung.

Zu beachten ist weiterhin:

- Befinden sich an den berührbaren leitfähigen Teilen Verbindungen zu anderen Geräten/Systemen/Erde, so sind sie vor der Messung zu lösen.
- Berührbare Steckkontakte, die Kleinspannung führen (Datenleitungen) oder Verbindungen zum inneren Informationssystem des Prüflings haben (Antennen), sind nicht in diese Messung einzubeziehen (s. Abschnitt 6.2).
- Ist der Prüfling mit einem oder mehreren Wahlschaltern (Bild 4.2.4 b) ausgestattet, so sollte das Messen in allen dessen/deren Stellungen erfolgen.

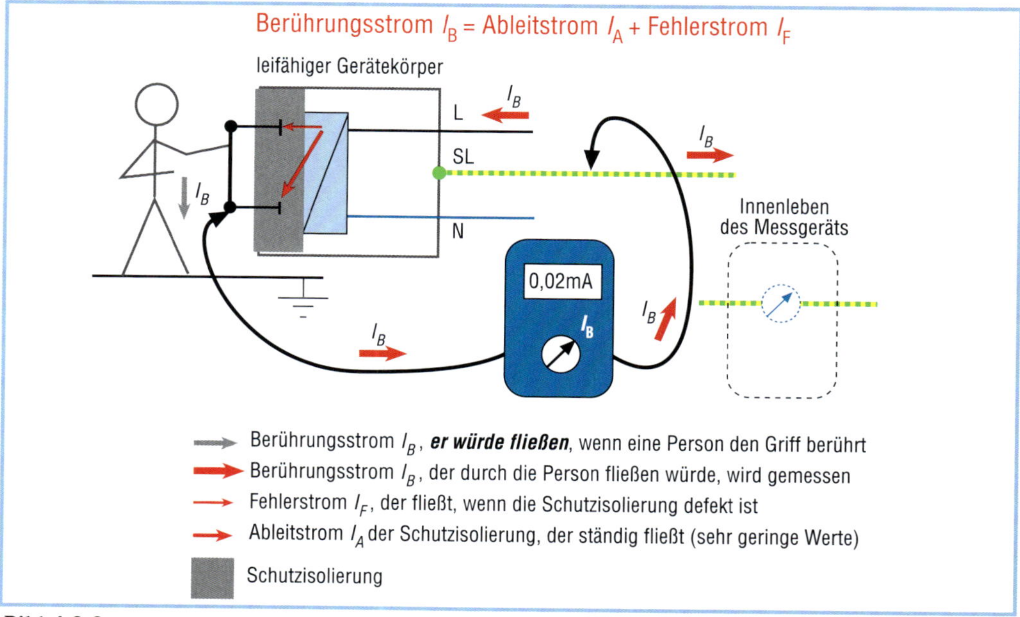

Bild 4.3.3
Prinzip der Messung des Berührungsstroms, Verfahren der direkten Messung

Bei der im **Bild 4.3.3** dargestellten Messung werden nur die Ableit- oder Fehlerströme der mit dem Außenleiter (L) verbundenen aktiven Teile erfasst. Nach dieser ersten Messung muss daher der Netzstecker des Prüflings umgesteckt (umgepolt) und danach eine zweite Messung durchgeführt werden, um auch den Ableit-/Fehlerstrom des anderen Leiters zu ermitteln. Der größere der beiden Werte ist als Berührungsstrom zu dokumentieren.

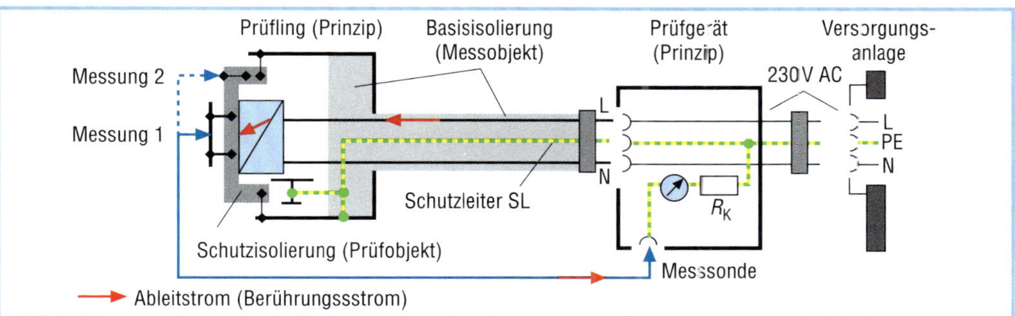

Bild 4.3.4
Prinzipdarstellung der Messung des Berührungsstroms I_B an den berührbaren leitfähigen schutzisolierten Teilen mit dem Messverfahren „direkte Messung".
Der Ableitstrom der Schutzisolierung entsteht und wird zum Berührungsstrom im Moment der Berührung durch eine Person (Messsonde).
Ist die Schutzisolierung defekt, so entsteht im Moment der Berührung auch ein Fehlerstrom (im Bild nicht eingezeichnet). Es gilt dann Berührungsstrom = Ableitstrom + Fehlerstrom
R_K Nachbildung des Körperwiderstands einer Person

Erläuterung zum Bild 4.3.4

Vor der Messung:
Es muss bedacht werden, dass im Moment des Beginns der Messung auch das Gerät in Betrieb genommen wird und dadurch eine Gefährdung (drehen, heizen, schneiden) entstehen kann.

Ablauf der Messung
Nach der Messung des Schutzleiterstroms verbleibt der Netzstecker des Prüflings in der Steckdose des Prüfgeräts.
- Messsonde anstecken *(sofern nicht fest angeschlossen)*

Achtung! Mit diesem Arbeitsschritt wird der Prüfling in Betrieb gesetzt!

1. **Prüfling bewusst abschalten!**
2. **Einstellen des Prüfgeräte-Wahlschalters auf „Berührungsstrommessung" bzw. „I_B".**
3. **Prüfling bewusst wieder einschalten! Achtung dies ist eine Inbetriebnahme!**

- Abtasten der berührbaren leitfähigen Teile nacheinander.
- Ablesen und Bewerten des Messwerts (**Tabelle 4.3.2**).
- Umpolen des Netzsteckers des Prüflings und zweite Messung.
- Bei Prüflingen mit Wahlschaltern (Bild 4.2.4 b) die Messung in jeder Schalterstellung wiederholen.
- Den höchsten Messwert speichern oder notieren (Kapitel 9).
- Bewerten des Prüfgangs insgesamt mit „Bestanden" oder „Nicht bestanden".

Das Bewerten der Messwerte erfolgt durch ihren Vergleich mit den in **Tabelle 4.3.2** aufgeführten Grenzwerten aus der Norm [16]. Es wird empfohlen, nicht nur das Unter-/Überschreiten der Grenzwerte zu beurteilen und damit zwischen „Bestanden" und „Nicht bestanden" unterscheiden zu können. Es sollte unter Beachtung der aufgeführten Hinweise auch nach der Ursache eines geringen oder hohen Messwerts gefragt werden, um auf diese Weise Abweichungen vom Normalzustand erkennen zu können.

Tabelle 4.3.2
Vorgaben für den Berührungsstrom I_B, Bewerten der Messergebnisse

<table>
<tr><th colspan="2">Normenvorgaben
(nach DIN VDE 0701-0702 [16])</th><th colspan="2">Hinweise für den Prüfer
zum Beurteilen der Messergebnisse</th></tr>
<tr><th>Messwert I_B</th><th>Bewertung nach Norm</th><th>Messwert I_B</th><th>Bewertung</th></tr>
<tr><td rowspan="3">0 mA
bis
0,5 mA
(einschließlich)</td><td rowspan="3">bestanden</td><td>0 mA</td><td>Das Gerät ist neu oder wurde unter idealen Bedingungen betrieben.</td></tr>
<tr><td>bis
ca. 0,1 mA</td><td>normaler, ordnungsgemäßer Zustand</td></tr>
<tr><td>über
ca. 0,1 mA
bis
0,5 mA</td><td>Der Wert ist zu hoch,
die Ursache sollte geklärt werden,
möglich sind:
– Verschmutzungen,
– Nässe,
– beschädigte Isolierung.
Dann Entscheidung durch die befähigte Person.</td></tr>
<tr><td>über 0,5 mA</td><td>nicht bestanden</td><td colspan="2">Die berührbaren leitfähigen Teile, die nicht an den Schutzleiter angeschlossen sind, werden durch eine massive Isolierung (Schutzisolierung) von den aktiven Teilen getrennt.
Ein derart hoher Berührungsstrom > 0,5 mA kann nur durch einen Defekt des Isolierkörpers und eine an der betreffenden Stelle vorhandene Nässe/Verschmutzung entstehen.
Das betreffende Gerät muss zur Instandsetzung.</td></tr>
</table>

Weiterführende Informationen zur Messung der Ströme finden Sie in der angegebenen Literatur [9] [11] [13] [16] [17].4.3 Die durch Ableit- bzw. Fehlerströme entstehenden Gefährdungen sind zu ermitteln

Notizzettel für den Prüfplatz

Aufstellung der Geräte mit EMV-Beschaltung, deren Schutzleiterstrom bei der Erstprüfung ermittelt oder vom Hersteller genannt wurde

Benennung	Typ	Standort	Schutzleiterstrom in mA	Quelle Messung oder Angabe Hersteller	Datum	ermittelt durch

5 Messungen an Prüflingen ohne Schutzleiter

Ziele aller Messungen:

- **Messen,** ob die in der Norm vorgegebenen Grenzwerte des Isolationswiderstands oder des Berührungsstroms an den nicht mit dem Schutzleiter verbundenen schutzisolierten Teilen unter- bzw. nicht überschritten werden.
- **Beurteilen,** ob das schutzisolierte Gehäuse (Körper) den Schutz gegen elektrischen Schlag zuverlässig gewährleistet.

5.1 Durchführen der Messungen

Messungen sind „lediglich" das Besichtigen ergänzende Prüfgänge.

- Mit ihnen soll, soweit wie möglich, festgestellt werden, ob an den nicht sichtbaren Teilen der Isolierungen des Körpers Fehler vorhanden sind.
- Die am Beginn des Kapitels 4 aufgeführten Bemerkungen zum Messen an Geräten mit Schutzleiter gelten auch hier.

Wie aus dem in Bild 2.3 dargestellten Prüfdurchlauf zu erkennen ist, beschränken sich die Messungen bei voll isolierten Geräten ohne Schutzleiter auf

- die *Isolationswiderstandsmessung* (**Bild 5.1**) und
- die *Berührungsstrommessung* (**Bild 5.2**)

an den berührbaren leitfähigen Teilen, die auf dem Isolierkörper angebracht sind oder in ihn hineinreichen (**Foto 5.1**).

Bei einem großen Teil der schutzisolierten Geräte, z. B. des Sanitärbereichs, sind keine berührbaren leitfähigen Teile auf dem Isolierkörper vorhanden. Bei diesen schutzisolierten Geräten lassen sich dann keine oder nur Messungen an Stellen durchführen, an denen sich Schmutz oder Nässe angesammelt haben könnten (**Foto 5.2**). Alle Mängel (Bruch, Schmutz, Nässe usw.) müssen bei solchen Geräten durch außerordentlich gründliches Besichtigen erkannt werden!

Erfasst wird, wie die beiden Bilder zeigen, bei diesen Messungen nur ein geringer Teil des Isolierkörpers (Schutzisolierung), so dass der Prüfer nur unvollständige Informationen über den Zustand der Isolierungen des Prüflings erhält.

Durchzuführen sind die beiden in den Bildern 5.1 und 5.2 dargestellten Messungen ebenso, wie dies im Kapitel 4 an Hand von

- Bild 4.2.3 für das Messen des Isolationswiderstands und
- Bild 4.3.4 für das Messen des Berührungsstroms

beschrieben wurde. Die dort aufgeführten Erläuterungen der Messverfahren gelten auch hier.

5.2 Bewerten der Messungen

Das Beurteilen der Messwerte erfolgt nach den Vorgaben

- der Tabelle 4.2.2 (Isolationswiderstand) und
- der Tabelle 4.3.2 (Berührungsstrom).

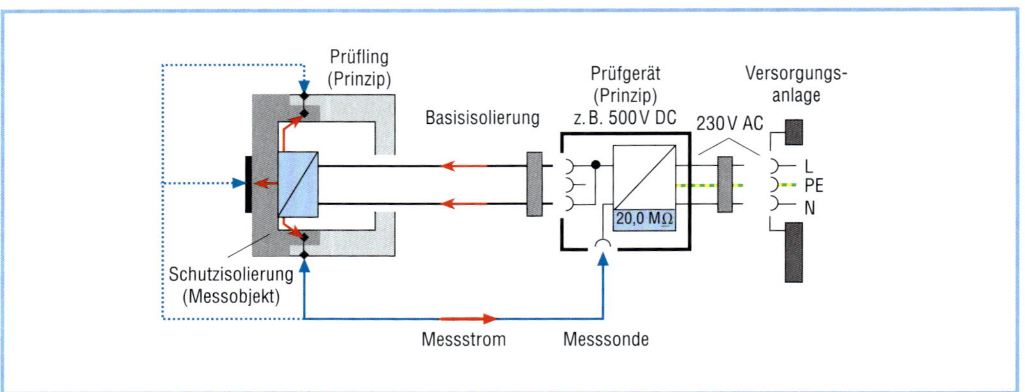

Bild 5.1

Prinzipdarstellung der Messung des Isolationswiderstands R_{ISO} der Schutzisolierung an den berührbaren leitfähigen Teilen eines Geräts ohne Schutzleiter

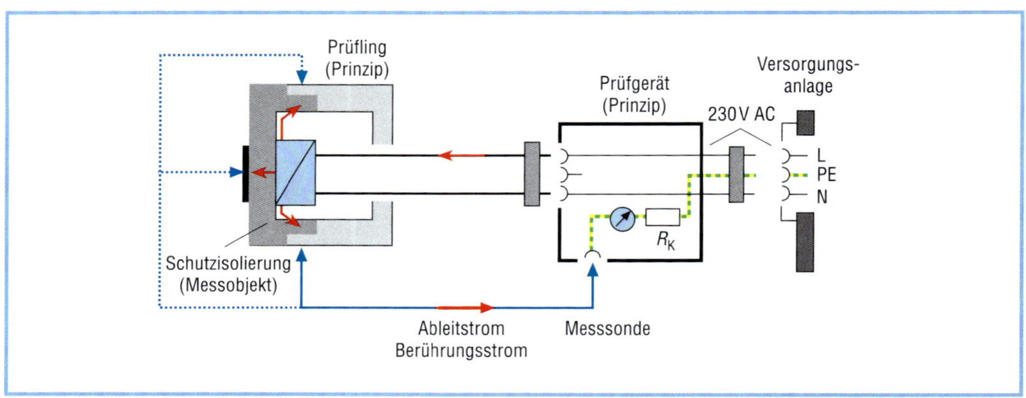

Bild 5.2

Prinzipdarstellung der Messung des Berührungsstroms I_B an den berührbaren leitfähigen Teilen eines Geräts ohne Schutzleiter mit dem Messverfahren „direkte Messung". Der Ableitstrom der Schutzisolierung entsteht und wird zum Berührungsstrom im Moment der Berührung durch eine Person bzw. eine Messsonde. Ein etwaiger Fehlerstrom wurde nicht eingezeichnet.

R_k Widerstand 2 kΩ; Nachbildung des Körperwiderstands eines Menschen

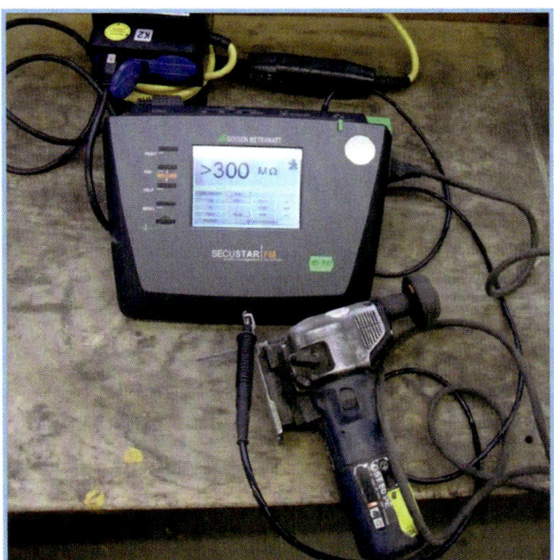

Foto 5.1 (entspricht Bild 5.1)
Messung des Isolationswiderstands (Schutzisolierung zwischen den aktiven Teilen und dem Gehäuse) bei einer Stichsäge ohne Schutzleiter

Foto 5.2
Messung des Berührungsstromes am Luftauslass eines Heißluftföns mit dem Prüfgerät EMB (Mebedo). Es wird kontrolliert, ob durch Verschmutzungen oder Isolationsfehler eine Kriechstrecke zwischen den aktiven Teilen und den leitfähigen isolierten Teilen entstanden ist.

Zu beachten ist weiterhin:

- Die Messung ist nach dem Umstecken (Umpolen) des Anschlusssteckers zu wiederholen.
- Wenn diese Geräte (Foto 5.2) in feuchter, schmutziger Umgebung eingesetzt, intensiv mit Flüssigkeiten gereinigt oder ähnlich beansprucht werden, so sollten die Messungen auch an den Stellen vorgenommen werden, an denen sich Feuchtigkeit oder Schmutz sammeln könnten (Fugen, Lüfteröffnungen, Leitungseinführung usw. (siehe Foto 5.1).
- Einige dieser Geräte sind zusätzlich mit einer ihren mechanischen Schutz bewirkenden leitfähigen Hülle ausgestattet. Diese ist durch den Isolierkörper (Schutzisolierung) von den aktiven Teilen sicher getrennt und somit ein berührbares leitfähiges Teil, an dem beide Messungen (Bild 5.1 und Bild 5.2) durchzuführen sind.

Weiterführende Informationen zu den Messungen an den Geräten ohne Schutzleiter finden Sie in der angegebenen Literatur [9] [11] [16] [17].

6 Messungen an speziellen Geräten

Sie werden es schnell bemerken, immer wieder ergeben sich Überraschungen aufgrund besonderer Eigenschaften oder eigenartigem Verhalten des Prüflings.

➔ In diesen ungewöhnlichen Situationen ist der verantwortliche Prüfer zu konsultieren.

Natürlich sollten Sie möglichst schon vorher wissen, mit welchen Besonderheiten Sie rechnen müssen und welche Ursachen dahinter stecken. Daher informieren wir Sie nachfolgend über die Eigenheiten einiger Geräte, die Ihnen häufig als Prüfling übergeben werden.

➔ Bitte fragen Sie auch künftig bei allen Ihnen bislang unbekannten Geräten, welche Eigenarten diese voraussichtlich aufweisen.

6.1 Geräte mit Heizelementen

In vielen elektrischen Geräten befinden sich kleine Heizelemente (z. B. im Lockenstab) oder leistungsstarke Heizkörper (z. B. im Warmluftwerfer).

In der Norm und in Tabelle 4.2.1 ist für den Isolationswiderstand dieser Geräte einheitlich ein geringerer Grenzwert (0,3 MΩ und < 0,3 MΩ) zugelassen, als bei allen anderen Geräten. Gründe dafür sind, dass die Isolierungen einiger Heizelemente

- hygroskopisch sind und in ihren Ruhezeiten die Feuchtigkeit der Luft aufnehmen oder
- die Wärme gut leitende und damit auch elektrisch leitfähige Materialteilchen enthalten.

Bei den hygroskopischen Elementen wird die Feuchtigkeit im Betriebszustand wieder abgegeben, der Isolationswiderstand erreicht wieder seinen Normalzustand. Bei anderen Geräten ist er konstruktionsbedingt ständig auf niedrigem Niveau.

➔ Der Prüfer muss immer damit rechnen, dass nicht nur die genannten Besonderheiten, sondern auch ein Isolationsfehler zu einem geringeren Isolationswiderstand als 1 MΩ führen kann.

Ein geringer Messwert lässt sich somit auf mehrere Ursachen zurückführen. In diesem Fall sind die Erfahrungen des Prüfers gefragt, damit er eine Entscheidung treffen kann.

Bild 6.1.1 zeigt die typischen Arten dieser Geräte und enthält Hinweise für das Prüfen.

Konstruktionsprinzip	Geräteart	Prüfverfahren Besichtigen und …	Bemerkungen
L, N	Heizkissen, -matte, -schuhe	keine Messung	bei nassem/feuchtem Gerät ist die Prüfung nicht bestanden
L, N	Haartrockner, Sanitärgeräte	keine Messung	bei Nässe, Schmutz (Haare usw.) ist die Prüfung nicht bestanden
L, PE, N	Heizlüfter, u.Ä.	Messung Isolationswiderstand, Schutzleiterstrom	nach dem Trocknen muss der Messwert > 2 MΩ bzw. > 3,5 mA betragen
L, PE, N	Heizlüfter, u.Ä.		
L, PE, N	Lötkolben, Kocher, Kochplatten		bei Geräten mit leitfähigen Teilen im Isolierstoff gilt der Grenzwert 0,3 MΩ ständig
Schutzisolierung; Basisisolierung; Heizelement			

Bild 6.1.1
Besonderheiten beim Prüfen von Geräten mit Heizelementen

6.2 Messungen an Teilen, die Kleinspannung führen

Die „Kleinspannung mit sicherer Trennung“ (**Bild 6.2.1**), als Schutzmaßnahme gegen elektrischen Schlag auch unter den Namen SELV oder PELV bekannt, kommt immer häufiger zur Anwendung und ist praktisch in jedem Gerät der Informationsverarbeitung, Netzteil und bei fast jeder Steuerung vorhanden. Sie wird somit auch an einigen, dem Anschluss anderer Geräte dienenden Teilen wirksam. In der Regel sind dies Steckkontakte (**Bild 6.2.2**). Um die Wirksamkeit dieser Schutzmaßnahme zu bestätigen, müsste vom Prüfer

- die an den Steckkontakten anliegende Spannung geprüft und
- deren sichere Trennung von den aktiven Leitern des Versorgungsnetzes mit der Isolationswiderstandsmessung (s. a. Bild 4.2.3) und der Berührungsstrommessung (s. a Bild 4.3.4) nachgewiesen werden.

Diese Messungen dürfen – notgedrungen – laut Norm [16] entfallen, weil

- die Steckkontakte beim Adaptieren leicht beschädigt werden können und/oder
- die Messspannung 500 V DC aus mehreren schwer einzuschätzenden Gründen Zerstörungen an den elektronischen Bauelementen im Kleinspannungsbereich hervorrufen kann.

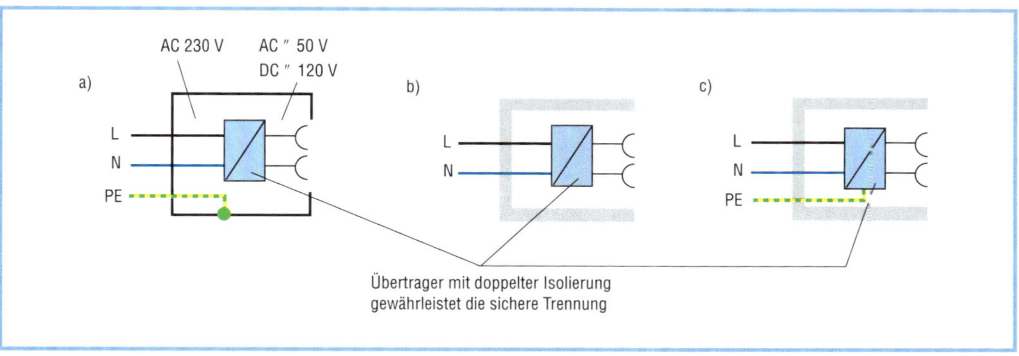

Bild 6.2.1
Gerätevarianten mit der Schutzmaßnahme „Kleinspannung mit sicherer Trennung“
a) Gerät mit Schutzleiterschutzmaßnahme und der Schutzmaßnahme „Kleinspannung“
b) Gerät mit der Schutzmaßnahme „Verstärkte Isolierung“ und der Schutzmaßnahme „Kleinspannung“
c) Gerät mit der Schutzmaßnahme „Kleinspannung“

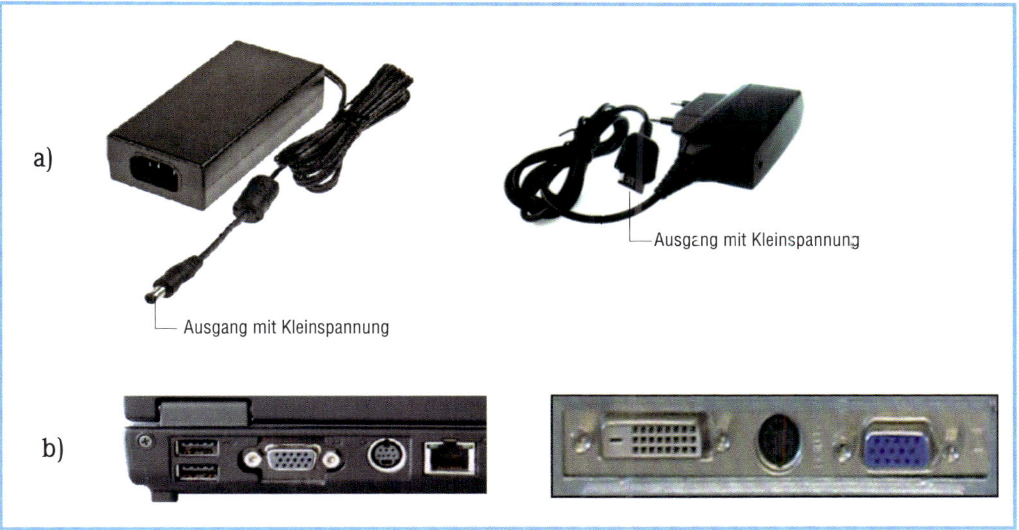

Bild 6.2.2
Beispiele für Ausgangsbuchsen von Geräten, an denen Kleinspannung anliegt
a) Schaltnetzteile mit sicherer Trennung nach Bild 6.2.1
b) Stecker-/Steckerleisten an elektrischen Geräten, an denen die Kleinspannung mit sicherer Trennung nach Bild 6.2.1 anliegt

Für Sie als EUP könnte daher (Bestätigung durch die befähigte Person) bei Geräten, die solche Teile mit Kleinspannung aufweisen, die in **Tabelle 6.2.1** dargelegte Verfahrensweise gelten.

In den letzten Jahren werden zunehmend auch die Netzteile mit Kleinspannungsausgang funkentstört, also mit EMV-Beschaltungen gegen Erde ausgestattet (Bild 6.2.1 c). Dies führt dann dazu, dass bei einer Berührungsstrommessung extrem hohe Messwerte festgestellt werden. Zeigen jedoch weder eine Isolationsmessung mit niedriger Span-

Tabelle 6.2.1
Prüfschritte zum Nachweis der Funktion der Schutzmaßnahme Kleinspannung (SELV)

Prüfschritt	Durchführung	Bemerkung
Besichtigen – des Prüflings	Klären, welche Teile Kleinspannung führen	Art der Teile siehe Bilder 6.2.1 und 6.2.2
	Klären, ob der Prüfling eine CE-Kennzeichnung aufweist	Wenn nein, „Nicht bestanden"! Die *befähigte Person* hat zu entscheiden, wie weiter verfahren wird
– der Teile mit Kleinspannung	Kontaktzustand beurteilen	Klären, ob ordnungsgemäße Prüfadapter für Stecker und Buchsen (Bild 6.2.2) zur Verfügung stehen
Messen	Klären, ob Messungen vorgenommen werden sollen	Sind Beschädigungen beim Adaptieren möglich? Sind Beschädigungen durch die Isolationswiderstandsmessung wahrscheinlich? Entscheidung der *befähigten Person* einholen
Messen des Berührungsstroms oder	Messung zwischen dem Kleinspannungsanschluss und dem Schutzleiter des Netzes der Primärseite	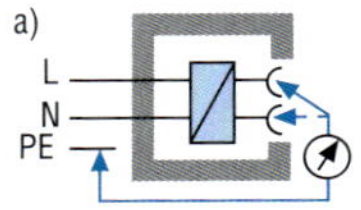 a) L N PE
Messen des Isolationswiderstands	Messung zwischen dem Kleinspannungsanschluss und den aktiven Leitern des Netzes der Primärseite	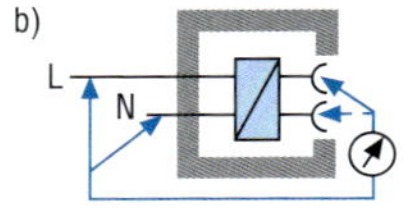 b) L N
Messen des Isolationsswiderstands oder	Messen am Kleinspannungsanschluss	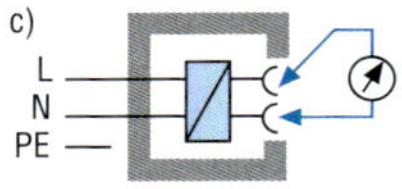 c) L N PE
Prüfen der Kleinspannung	Netzteil mit dem dafür vorgesehenen Kleinspannungsgerät verbinden und in Betrieb nehmen.	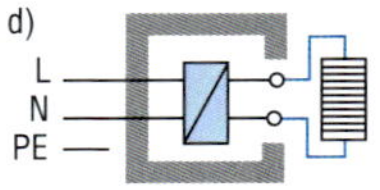 d) L N PE

nung (also etwa 250 V) noch die Funktionsprobe eine Auffälligkeit, dann handelt es sich um eine geerdete Kleinspannung. Dies ist dann nicht zu beanstanden.

Die genaue Vorgehensweise muss im Einzelfall durch die befähigte Person vorgegeben werden.

6.3 Prüfen von Mehrfachsteckdosen

Mehrfachsteckdosen (**Foto 6.3.1**) werden in vielen Varianten hergestellt und eingesetzt. Sie sind einfach zu prüfen (s. Foto 4.1.1, **Tabelle 6.3.1**). Gegebenenfalls müssen die Funktionen der eingebauten FI-Schutzschalter und anderer Schutzgeräte nachgewiesen werden (s. Tabelle 7.1).

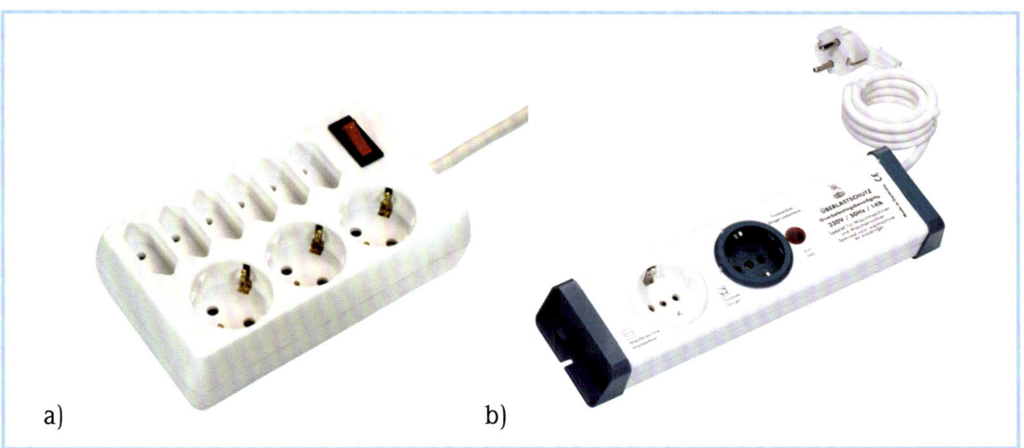

Foto 6.3.1
Mehrfachsteckdosen
a) zum Vervielfachen der Anschlussmöglichkeiten
b) mit Schutzeinrichtung für ein angeschlossenes Gerät, hier mit einem Überstromschutz

Tabelle 6.3.1
Zulässige Grenzwerte der Messungen an Mehrfachsteckdosen

Messung	Grenzwert	Bemerkung
Schutzleiterwiderstand		
– Stecker/ Steckdosen	0,3 Ω bzw. Rechenwert	Siehe Anhang 6
– Steckdose/Steckdosen	<< 0,3 Ω	Unterschiedliche Messwerte können Mängel anzeigen
Isolationswiderstand (etwaige Schalter in „Ein-Stellung"!)	1 MΩ	Messspannung DC 250 V, wenn Überspannungsableiter vorhanden sind
Schutzleiterstrom (etwaige Schalter in „Ein-Stellung"!)	3,5 mA	Nur erforderlich, wenn FI-Schutzschalter oder andere Schutzgeräte vorhanden sind
Berührungsstrom (etwaige Schalter in „Ein-Stellung"!)	0,5 mA	Nur erforderlich, wenn leitfähige, nicht an den PE angeschlossene Abdeckungen o. Ä. vorhanden sind

Allerdings, wie die Erfahrungen zeigen, muss der Prüfer auf die Besonderheiten dieser Geräte achten und auf Überraschungen vorbereitet sein:

- Das nicht zulässige, von Elektrolaien aber gerne praktizierte Hintereinanderschalten von zwei oder mehr Steckdosenleisten kann zu Überlastungen, Temperaturerhöhungen und Brandgefahr führen.
- Mitunter handelt es sich um Billigerzeugnisse, deren innere Leitungsverbindungen und deren Kontaktmaterial nicht die nötige Qualität aufweisen.
- Die angegebene zulässige Belastung (xxx W, xx A) ist bei manchen Geräten geringer als die Leistung, die bei der vollständigen Bestückung entnommen werden kann.

Diese Mängel werden nicht durch das Messen, sondern nur durch ein sorgfältiges Besichtigen eines erfahrenen Prüfers aufgedeckt.

In **Tabelle 6.3.2** finden Sie einige Hinweise, die Ihnen beim Entdecken der häufig vorkommenen Mängel helfen sollen.

Tabelle 6.3.2
Hinweise für das Prüfen von Mehrfachsteckdosen

Aktivität des Prüfers	Feststellung/Hinweis/Mangel
Anwender der Steckdosenleisten über deren ordnungsgemäßen Einsatz informieren	Keine Hintereinanderschaltung (Übertemperatur), keine Abdeckung (Wärmestau), kein Anschluss von Großgeräten (Überlastung)
Anwender über die Notwendigkeit informieren, in ihrer Anlage ortsfeste Steckdosen nachzurüsten	Mehrfachsteckdosen und der durch sie entstehende „Kabelsalat" können zur Gefährdung der Mitarbeiter und zu Mängeln beim Betreiber der angeschlossenen Geräte führen.
Anwender informieren und beachten, dass etwaige Ein-/Aus-Schalter zumeist einpolig sind	Es ist möglich, dass die an die Leiste angesteckten Geräte auch in der „Aus-Stellung" unter Spannung stehen.
Leiste ausrangieren, wenn unklare/fehlende Angaben festgestellt werden	Angabe der Leistung fehlt oder ist geringer als • 3.600 W oder • 16 A CE-Kennzeichnung oder GS-Zeichen fehlt
Unzuverlässige Billiggeräte identifizieren	Abdeckungen lassen sich verschieben, Schutzleiterkontakte sind verbiegbar/verbogen
Über Rückrufe informieren oder Gerät aus dem Verkehr ziehen lassen durch Kontrollinstitutionen	Siehe • Bundesanstalt für Arbeitsschutz und Arbeitsmedizin www.Baua.de • Portale für Produktrückrufe www.ec.europa.eu/consumers/dyna/rapex/ • Landesämter für Arbeitsschutz • Stiftung Warentest www.test.de/StiftungWarentest
Beachten, dass auch teure Geräte seriöser Hersteller Mängel aufweisen können	Durchweg intensive Kontrolle des Zustands der Leiste erforderlich
Ausschalter kontrollieren	Ordnungsgemäßes Schalten, keine Kontaktunterbrechungen beim Bewegen der Leiste, keine unzulässige Erwärmung

7 Erproben – Nachweis der Funktionen der Prüflinge

Ziele des Erprobens:

- **Feststellen,** ob die mit den bisherigen Prüfgängen bestätigte elektrische Sicherheit auch im betriebsmäßigen Zustand vorhanden ist und die der elektrischen Sicherheit dienenden Schutzeinrichtungen ordnungsgemäß funktionieren.
- **Feststellen,** ob die der mechanischen Sicherheit dienenden oder aus anderen Gründen vorgesehenen Sicherheitsmaßnahmen/-einrichtungen ordnungsgemäß funktionieren.
- **Beurteilen,** ob das Gerät insgesamt nach der Prüfung bestimmungsgemäß funktioniert, so dass es zur weiteren Verwendung freigegeben werden kann.

Bei der Erprobung, die im Zusammenhang mit der Wiederholungsprüfung eines normgerechten elektrischen Geräts vorgenommen wird, kann davon ausgegangen werden, dass

- es bereits ordnungs- und bestimmungsgemäß funktioniert hat *und*
- alle seine Kenndaten bei der Typprüfung des Herstellers nachgewiesen wurden *und*
- beim Besichtigen (s. Kapitel 3) bereits festgestellt worden ist, dass keine die Funktion oder Sicherheit betreffenden Veränderungen gegenüber dem Originalzustand vorgenommen wurden.

Es gehört somit nicht zur Wiederholungsprüfung, alle Funktionen des zu prüfenden Geräts vollständig zu erproben/nachzuweisen und es ist nicht erforderlich, den Prüfling

- voll zu belasten oder
- einer Dauerprüfung zu unterziehen.

Es ist aber erforderlich, die für das Gerät typischen Funktionen (Beleuchten, Schalten, Melden, Drehen, Schneiden Kühlen, Heizen usw.) kurzzeitig zu erproben. Dies kann im Zusammenhang mit der Schutzleiter- oder der Berührungsstrommessung erfolgen, da der Prüfling dabei ohnehin in Betrieb genommen werden muss.

Die Funktionen des Geräts und seiner Schutzmaßnahmen sind immer soweit zu erproben, dass Sie annehmen können,

- es ist mit einem sicheren Betrieb des Geräts zu rechnen und
- es sind keine Gefahren für den Anwender zu erwarten.

Durch welche Prüfschritte dies erfolgen kann, sollten Sie sich überlegen, vorschlagen und vom verantwortlichen Prüfer bestätigen lassen.
Beispiele dafür enthalten die **Tabellen 7.1** und **7.2**.

Weiterführende Informationen zum Erproben der Geräte finden Sie in der angegebenen Literatur [7] [9] [11] [15] [16] [17].

Tabelle 7.1
Erproben/Kontrolle der Funktion der Schutzeinrichtungen des zu prüfenden Geräts

Prüfgegenstand	Prüfschritt/Bemerkung
Abdeckungen der aktiven Teile Abdeckungen von Lüfteröffnungen Abdeckungen von mechanisch bewegten/rotierenden Teilen Biegeschutz, Zugentlastung	Handprobe, gegebenenfalls Größe der Öffnungen kontrollieren – IP 20 ≤ 12,5 mm (Schutz gegen Berühren mit den Fingern) – IP 30 ≤ 2,5 mm (Schutz gegen das Eindringen von Werkzeug)
Schließmechanismen, Verriegelungen	Funktion erproben
Befestigungen von rotierenden Teilen	Handprobe
Trockengehschutz	Sichtprüfung
Fehlerstromschutzschalter	Prüftaste betätigen (Auslösen beim Bemessungsdifferenzstrom)
Temperaturwächter	Sichtprüfung
Überspannungsschutzeinrichtung	Kontrolle, ob eine Auslösung angezeigt wird
Isolationsüberwachung	Prüftaste betätigen
Schutzleiterkontakte	Federwirkung erproben; Kontrolle, ob Kontakte verformt

Tabelle 7.2
Erproben/Kontrolle der Funktionen des zu prüfenden Geräts

Prüfgegenstand	Prüfschritt/Bemerkung
elektromotorische Geräte, Lüfter Heizgeräte, Brotröster, Kochgeräte	Einschalten, Betreiben bis der ordnungsgemäße Ablauf der Funktion erkennbar ist, auf Vibration und Laufgeräusche achten, automatisches Abschalten erproben
Wasserkocher, Kaffeemaschinen	wie vorstehend, Dichtigkeit von Behältern kontrollieren
Tauchsieder	im Wasserbad erproben, gegebenenfalls Messungen wiederholen; überlegen, ob Empfehlung zum Aussondern angebracht ist
Geräte mit Wahlschaltern, mehreren Schaltern	alle Funktionen kurz erproben
Mikrowellengeräte	Funktion kurz erproben, Vorgaben des Herstellers beachten
Kommunikations- und Informationsgeräte Leuchten, Dimmer Kosmetikgeräte	Einschalten, Betreiben bis der ordnungsgemäße Ablauf der Funktion erkennbar ist
Stecker, Steckdosen	Stecken mit üblicher Kraftwirkung, fester Sitz muss gewährleistet sein
Schalter, Verriegelungen, Abdeckungen	Einrasten in allen Stellungen erproben

8 Abschluss der Prüfung, Bewerten der Prüflinge

Der Prüfer hat die Aufgabe, abschließend festzustellen und anzugeben,

- ob das geprüfte Gerät Mängel aufweist, die eine weitere Verwendung ausschließen, und es der Instandsetzung zugeführt werden sollte oder
- ob es sich in einem sicheren Zustand befindet und weiterhin bestimmungsgemäß betrieben werden darf und
- ob der Anwender dabei besondere Bedingungen beachten muss.

Auch Sie als EUP haben diese Entscheidung zu treffen – ausgehend von den Ergebnissen der von Ihnen auftragsgemäß durchgeführten Prüfarbeiten. Wenn Sie Ihren Prüfling mit einem letzten kontrollierenden Blick verabschiedet haben, sollten Sie sich fragen:

- Wurden alle Prüfschritte ordnungsgemäß durchgeführt?
- Sind beim Prüfen oder beim Herumhantieren am Prüfling kein Teil beschädigt und keine Aufschrift, kein Symbol verwischt worden?
- Sind die Prüfergebnisse dokumentiert und der nächste Prüftermin genannt worden?
- Wie soll der Anwender über etwaige Besonderheiten seines Geräts informiert werden, die er beim Betreiben beachten sollte?
- Wurde die Prüfmarke so angebracht, dass sie gut sichtbar ist, aber trotzdem nicht störend wirkt?

Außerdem sollte überlegt und festgelegt werden:

- Wie kommt das Gerät zurück zu seinem Anwender/Einsatzort?
- Wird es so zurückgegeben, dass es beim Transport keinen Schaden nehmen wird?
- Ist gewährleistet, dass es nicht weiterhin benutzt werden kann, wenn es die Prüfung nicht bestanden hat? Wie wird es gegebenenfalls entsorgt?

→ Erst nach dem Beantworten dieser Fragen, und nur dann, wenn der Prüfer völlig davon überzeugt ist, dass er ein sicheres Gerät freigibt, darf er seine Arbeit beenden.

Sie als EUP entscheiden mit über das Prüfergebnis, die befähigte Person aber hat das letzte Wort.

Nunmehr,nachdem Sie den einen oder mehrere Prüfaufträge beendet haben, sollten Sie in aller Ruhe darüber nachdenken, welche Erfahrungen aus der Prüfung gewonnen werden können.

Zunächst zum Prüfablauf:

- Gab es Behinderungen oder Verzögerungen beim Prüfen? Was wäre organisatorisch zu ändern, um besser oder rationeller prüfen zu können?

- Haben sich durch die Prüfung Informationen (Messwerte, Funktionsprobleme) ergeben, die beim Prüfen anderer Geräte verwendet werden können? War die Prüfzeit ungewöhnlich hoch?
- Wäre ein anderes oder ein zusätzliches Prüfgerät erforderlich gewesen?
- Waren alle erforderlichen Informationen vorhanden?

Dann zum Prüfer, in diesem Fall zu Ihnen als prüfende EUP:

Stellen Sie sich nochmals eindringlich die Fragen:
„Reichen meine Kenntnisse aus, um die Geräte zu prüfen, die ich prüfen soll?"
„Hatte ich Geräte zu prüfen, über deren Innenleben ich – ehrlich gesagt – nicht so recht informiert bin?"
„Habe ich alle Messwerte wirklich verstanden und mir erklären können?"
„Worüber muss ich mich noch informieren?"
„Hat mir der verantwortliche Prüfer eigentlich alles ausreichend – und richtig – erklärt?"

Und schließlich ein paar Gedanken zum Arbeitsschutz (s. Kapitel 11):

- Ergaben sich beim Prüfen Gefährdungen für Sie als Prüfer oder für andere Personen?
- Kam es zu einer Durchströmung? Was wurde veranlasst?
- Muss die Gefährdungsbeurteilung für den Prüfplatz erweitert werden?
- Was ist sonst noch hinsichtlich der Arbeitssicherheit unangenehm aufgefallen?

Und wenn Sie dann noch sagen können, dass alle von Ihnen festgestellten Gefährdungen inzwischen abgestellt wurden und Sie ein gutes Gewissen haben, dann, und nur dann, kann die nächste Prüfung beginnen.

Weiterführende Informationen zum Abschluss und zur Auswertung der Prüfung finden Sie in der angegebenen Literatur [21] [22].

9 Das Prüfergebnis ist zu dokumentieren

Ziele des Dokumentierens:

- Nachweis der durchgeführten Prüfung gegenüber
  - dem Auftraggeber oder
  - den zur Kontrolle berechtigten Institutionen
- Information des Auftraggebers/Anwenders über den Zustand des geprüften Geräts und die zu beachtenden Besonderheiten
- Registrieren der bei späteren Prüfungen benötigten Messwerte

Wie die eingangs genannten Ziele erreicht werden, d.h. wie die Dokumentation beschaffen sein soll, hat die verantwortliche Elektrofachkraft und/oder die befähigte Person (Bild 1.1) in Abstimmung mit dem Arbeitgeber/Auftraggeber zu entscheiden. Sie als Prüfer (EUP) müssen dann lediglich die Ihnen mit der Prüfanweisung vorgegebenen Arbeitsschritte zum Speichern oder Notieren der Prüf-/Messergebnisse ausführen. Es gibt viele Möglichkeiten, um die durchgeführten Arbeitsschritte zu dokumentieren:

- Prüfprotokoll kann direkt in einer Prüfsoftware erstellt werden (**Bild 9.1**) oder
- Auslesen des Speicherns durch das erforderliche Kommando am Prüfgerät oder
- Kennzeichnen der Position jedes nunmehr geprüften Geräts in der zum Prüfauftrag gehörenden Geräteliste oder
- Eintragen der Daten und der Prüf-/Messergebnisse in einen Protokollvordruck (**Bild 9.2**) und
- Kennzeichnen des geprüften Geräts (s. Bild 2.4).

Wir beschränken uns daher darauf, Sie hier über die verschiedenen Möglichkeiten des Dokumentierens zu informieren (**Tabelle 9.1**).

Wurde versäumt, Ihnen die Art der Dokumentation vorzugeben, so ist es die beste Lösung, dafür die Protokollvordrucke (Bild 9.2) zu verwenden oder ein ähnliches eigenes Protokoll herzustellen.

Zu beachten ist noch, dass

- es genügt, wenn die Messwerte zweistellig angegeben werden,
- wenn Bilder, die z.B. für Mängel erstellt wurden, dem Prüfprotokoll auch beigelegt werden und
- die Dokumentation bzw. das Prüfprotokoll von Ihnen als Bestätigung der ordnungsgemäßen Prüfung abgezeichnet werden sollte, aber von der befähigten Person zu unterschreiben ist.

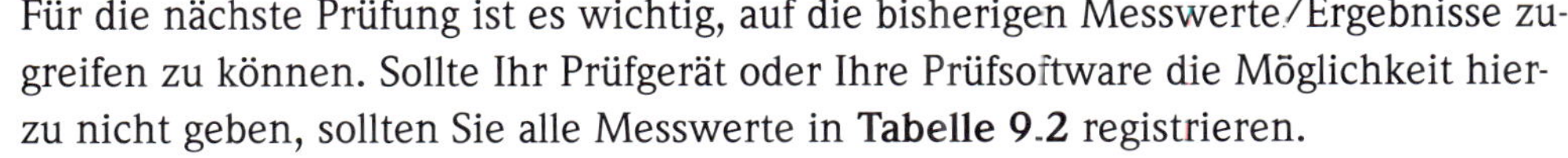

→ Für die nächste Prüfung ist es wichtig, auf die bisherigen Messwerte/Ergebnisse zugreifen zu können. Sollte Ihr Prüfgerät oder Ihre Prüfsoftware die Möglichkeit hierzu nicht geben, sollten Sie alle Messwerte in **Tabelle 9.2** registrieren.

Weiterführende Informationen zum Dokumentieren der Prüfung finden Sie in der angegebenen Literatur [2] [3] [16] [21] bis [26].

Prüfprotokoll für die Prüfung nach VDE 0701-0702

Auftraggeber (Kunde): 100012 Musterkunde Musterhausen 1 12345 Musterhausen	**Auftragnehmer:** Prüfdienstleister Dienstleisterstraße 1 67890 Dienstleisterhausen	MEBEDO
Geräteart: Netzteil	**Hersteller:** Lenovo	**Type:** EDV Geräte
Ident-. Nr.: MBAC-00001	**Schutzkl.:** SKI	
Heizleistung [W]: keine	**Schutzleiterlänge [m]:** 2,0 m	**Prüfdatum:** 13.02.2020

Elektrische Prüfung

Prüfung	**Grenzwert**	**Messwert**	**Ergebnis**
Sichtprüfung Gehäuse			OK
Sichtprüfung Isolierteile			OK
Sichtprüfung Schutzleiter			OK
Sichtprüfung Anschlussleitungen			OK
Sichtprüfung Typschild			OK
Sichtprüfung Sonstiges			OK
Schutzleiterwiderstand	< 0,130 Ohm	0,055 Ohm	OK
Isolationswiderstand LN gegen PE	> 20,00 MOhm	> 20,00 MOhm	OK
Isolationswiderstand LN-Sonde	> 20,00 MOhm	> 20,00 MOhm	OK
Berührungsstrom	< 0,500 mA	0,001 mA	OK
Differenzstrom	< 1,00 mA	0,03 mA	OK
Phasenspannung		230 V	OK
Phasenstrom		0,1 A	OK
Leistung		2 W	OK
Funktionsprüfung Funktionstest			OK
Funktions- und Sicherheitsprüfung mängelfrei			OK

Bemerkung zur Prüfung:

Gemäß Unfallverhütungsvorschrift DGUV Vorschrift 3 und 4:
Prüfintervall: **12** Monate
Nächster Prüftermin: 13.02.2021

Verwendetes Prüfgerät: Seriennummer: UR200024

Unterschriften

EuP/befähigte Person : Herr Martin Griesbeck / Herr Richard Lauer RICHARD LAUER	Verantwortlicher Unternehmer:
Ort: Datum: 21.07.2020	Ort: Datum: 21.07.2020

Seite 1 - 1

Bild 9.1
Beispiel für ein elektronisch erstelltes Prüfprotokoll direkt aus der App (Safetytest, Test Master App)

MEBEDO Consulting GmbH Aubachstraße 22 56410 Montabaur	**Prüfprotokoll**	MEBEDO kompetent | rechtssicher | ganzheitlich
PC_GP_66	Prüfung ortsveränderlicher elektrischer Arbeitsmittel nach VDE 0702 in einem Prüfteam	Auf die erforderlichen EuP-Belange anpassen

Kundendaten			
Name:		Anschrift:	
Auftragsnummer			
Gerätedaten (Typenschild)			
Geräteart:		Typ:	
Hersteller:		Strom:	
Fabrikat-Nr.:		Leistung:	
Spannung:			
Prüfgerät			
Typ:			
Serien-Nr.:			
Kalibriert bis:			

☒ Zutreffendes bitte ankreuzen (i.O. = untersuchte Funktion in Ordnung, n.i

Notwendige Prüfungen		**Schutzkla**
		Elektris
		i.O.
1	**Sichtprüfung**	
1.1	Gehäuse allgemein	☐
1.2	Zustand Isolierungen	☐
1.3	Zugentlastung, Knick- und Biegeschutz	☐
1.4	Anzeichen von Überlastung/ unsachgemäßem Gebrauch	☐
1.5	Unzulässige Eingriffe und Änderungen	☐
1.6	Sicherheitsbeeinträchtigende Verschmutzung oder Korrosion	☐
1.7	Bestimmungsgemäße Auswahl und Anwendung von Leitungen und Stecker	☐
1.8	Kühlöffnungen frei	☐
1.9	Sicherungseinsätze und Leuchtmittel richtig bestückt	☐
2	**Schutzleiterwiderstand (entfällt bei SK II ▣)**	
2.1	Prüfung der Durchgängigkeit des Schutzleiters	Grenzwerte: ≤ 0,1 Ω bis 5 m Länge (Bei ist der Üblichkeitswert anzu
2.2	Gemessen	Kein mess **i.O.** ☐
3	**Isolationswiderstandmessung (Vorsicht - elektronische Scha können Schaden nehmen! Die Messung darf bei Geräten der Heizelementen > 3,5 kW Gesamtleistung der Widerstand unte Schutzleiterstrom 1 mA/kW und maximal 10mA nicht überste**	
3.1	Messen der aktiven Leiter gegen den Schutzleiter	Grenzwerte: ≥ 310 MΩ bei Schutzklasse MΩ bei Schutzklasse III(Gr (Messbereichsendwert/Übli
3.2	Gemessen	**i.O.** ☐

Ausgabe/Revision:	1		
Datum:	11.2018		
Erstellt/geändert:	R. Rethfeldt		
Genehmigt:	S. Euler		

MEBEDO Consulting GmbH Aubachstraße 22 56410 Montabaur	**Prüfprotokoll**	MEBEDO kompetent | rechtssicher | ganzheitlich
PC_GP_66	Prüfung ortsveränderlicher elektrischer Arbeitsmittel nach VDE 0702 in einem Prüfteam	Auf die erforderlichen EuP-Belange anpassen

4	**Schutzleiterstrom (Vorzugsweise das Differenzstrom-Messverfahren anwenden) Diese Messung muss in beiden Steckerpositionen vorgenommen werden!**		
4.1	Messen der aktiven Leiter gegen den Schutzleiter	Grenzwert: ≤ 3,5 mA Steckerposition 1: ____ mA | Steckerposition 2: ____ mA **i.O.** ☐ | **n.i.O.** ☐	Arbeitsmittel in Betrieb setzen. Vorsicht vor rotierenden Maschinenteilen! Sonde des Prüfmittels **nicht** benutzen.
5	**Berührungsstrom (Vorzugsweise das direktes Messverfahren anwenden) Diese Messung muss in beiden Steckerpositionen vorgenommen werden!**		
5.1	Messen der **berührbaren** leitfähigen Teile, die nicht mit dem Schutzleiter verbunden sind	Grenzwert: ≤ 0,5 mA Steckerposition 1: ____ mA | Steckerposition 2: ____ mA Keine abtastbaren Teile vorhanden ☐ **i.O.** ☐ | **n.i.O.** ☐	Arbeitsmittel in Betrieb setzen. Vorsicht vor rotierenden Maschinenteilen! Sonde des Prüfmittels **benutzen.**
6	**Alternatives Verfahren (Alternativ zu Punkt 4 - Schutzleiterstrommessung und Punkt 5 - Berührungsstrommessung) Schutz- oder Filterbeschaltungen können das Messergebnis beeinträchtigen!**		
6.1	Messen des Schutzleiterstroms	Grenzwert: ≤ 3,5 mA	Sonde des Prüfmittels **nicht** benutzen.
6.2	Gemessen	____ mA **i.O.** ☐ | **n.i.O.** ☐	
6.3	Messen des Berührungsstroms	Grenzwert: ≤ 0,5 mA	Messen der **berührbaren** leitfähigen Teile, die nicht mit dem Schutzleiter verbunden sind
6.4	Gemessen	____ mA **i.O.** ☐ | **n.i.O.** ☐	
7	**Nachweis der sicheren Trennung vom Versorgungskreis (SELV und PELV) (Darf bei Geräten der Informationstechnik entfallen, ebenso wenn durch das Adaptieren mit Sonden eine Beschädigung erfolgen kann.)**		
7.1	Spannung der berührbaren SELV-Ausgänge	____ V | ☐ AC / ☐ DC Messung technisch nicht möglich ☐	Nachweis der Spannungsübereinstimmung mit den Vorgaben für SELV und PELV
7.2	Isolationswiderstandsmessung nach Punkt 3	Grenzwert ≥ 0,25 MΩ **i.O.** ☐ | **n.i.O.** ☐ Messung entfallen, da Zerstörung von Bauteilen erwartet ☐	Messungen: - Primär zu Sekundärseite - Primärseite zu berührbaren leitfähigen Teilen - Sekundärseite zu berührbaren Leitfähigen Teilen
8	**Ergänzende Prüfungen**		
8.1	Sicherheitseinrichtungen	**i.O.** ☐ | **n.i.O.** ☐	Testauslösung
9	**Funktionsprüfung**		
9.1	Funktion des Arbeitsmittels	**i.O.** ☐ | **n.i.O.** ☐	Besichtigen

Ausgabe/Revision:	1					Seite:	55 von 56
Datum:	11.2018					Gültig ab:	
Erstellt/geändert:	R. Rethfeldt						
Genehmigt:	S. Euler						

Bild 9.2
Beispiel für ein ausführliches Prüfprotokoll für die Prüfung ortsveränderlicher elektrischer Arbeitsmittel nach VDE 0702 in einem Prüfteam

Tabelle 9.1
Beispiele für Methoden des Protokollierens der Prüfung elektrischer Geräte

Protokollierung	**Kennzeichnung Geräte**	**Information, Bemerkung**
kein Protokoll, kein Vermerk, gedankliches Registrieren	keine Kennzeichnung, gedankliches Registrieren	Nur vertretbar bei den eigenen Geräten, die selbst geprüft, überblickt, aber nicht an andere Personen ausgegeben werden.
Vermerk auf dem Übergabe-papier der geprüften Geräte (Rechnung, Lieferschein)	Prüfmarke	In Absprache (schriftlich!) mit dem Anwender/ Betreiber möglich; dieser hat die nötige Kontrolle, Information, Wiedervorlage zu sichern.
kein Protokoll, nur beweis-kräftiger Vermerk über das Durchführen der Prüfung an einem bestimmten Termin (Prüfbuch, Rechnung, Lieferschein)	keine Kennzeichnung, gedankliches Registrieren	Nur vertretbar bei den eigenen Geräten, die selbst geprüft, überblickt und nicht an andere Personen ausgegeben werden.
gedankliches oder schriftliches Registrieren	(Bilder 2.1 und 2.4) oder andere Kennzeichnung, die eine Aussage über den (nächsten) Prüftermin für jedes Gerät erkennen lässt.	Nur vertretbar bei den eigenen Geräten, die selbst geprüft, überblickt, aber nicht an andere Personen bereitgestellt werden..
Kennzeichnen in einer Aufstellung		Die betriebliche Organisation muss nachweisbar gewährleisten, dass alle Geräte in dieser Aufstellung erfasst werden.
schriftliche Prüfdokumentation z. B. nach Bild 8.1 [26]		Kontrolle der vollständigen Erfassung aller Geräte muss gegeben sein; Archivierung der Dokumentationen erforderlich.
heute übliche elektronische Dokumentation [24] mit einem entsprechenden Prüfgerät (s. Foto 4.2.1 und folgende)		Einbeziehen in die betriebliche Organisation (Inventarisieren usw.) mit Hilfe der EDV.

Tabelle 9.2
Prüfergebnisse typischer Erzeugnisse, die bei weiteren Wiederholungsprüfungen mit den Ist-Werten des gleichen Geräts oder gleichartiger Geräte verglichen werden können

Prüflingstyp …	**Inventarnummer** …	**Einsatzort** …
Messung am …	Messung am …	Messung am …
I_{SL} ..... mA, R_{ISO} ...... MΩ	I_{SL} ..... mA, R_{ISO} ...... MΩ	I_{SL} ..... mA, R_{ISO} ...... MΩ
Bemerkung …		
Prüflingstyp …	**Inventarnummer** …	**Einsatzort** …
Messung am …	Messung am …	Messung am …
I_{SL} ..... mA, R_{ISO} ...... MΩ	I_{SL} ..... mA, R_{ISO} ...... MΩ	I_{SL} ..... mA, R_{ISO} ...... MΩ
Bemerkung …		
Prüflingstyp …	**Inventarnummer** …	**Einsatzort** …
Messung am …	Messung am …	Messung am …
I_{SL} ..... mA, R_{ISO} ...... MΩ	I_{SL} ..... mA, R_{ISO} ...... MΩ	I_{SL} ..... mA, R_{ISO} ...... MΩ
Bemerkung …		
Prüflingstyp …	**Inventarnummer** …	**Einsatzort** …
Messung am …	Messung am …	Messung am …
I_{SL} ..... mA, R_{ISO} ...... MΩ	I_{SL} ..... mA, R_{ISO} ...... MΩ	I_{SL} ..... mA, R_{ISO} ...... MΩ
Bemerkung …		
Prüflingstyp …	**Inventarnummer** …	**Einsatzort** …
Messung am …	Messung am …	Messung am …
I_{SL} ..... mA, R_{ISO} ...... MΩ	I_{SL} ..... mA, R_{ISO} ...... MΩ	I_{SL} ..... mA, R_{ISO} ...... MΩ
Bemerkung …		
Prüflingstyp …	**Inventarnummer** …	**Einsatzort** …
Messung am …	Messung am …	Messung am …
I_{SL} ..... mA, R_{ISO} ...... MΩ	I_{SL} ..... mA, R_{ISO} ...... MΩ	I_{SL} ..... mA, R_{ISO} ...... MΩ
Bemerkung …		
Prüflingstyp …	**Inventarnummer** …	**Einsatzort** …
Messung am …	Messung am …	Messung am …
I_{SL} ..... mA, R_{ISO} ...... MΩ	I_{SL} ..... mA, R_{ISO} ...... MΩ	I_{SL} ..... mA, R_{ISO} ...... MΩ
Bemerkung …		
Prüflingstyp …	**Inventarnummer** …	**Einsatzort** …
Messung am …	Messung am …	Messung am …
I_{SL} ..... mA, R_{ISO} ...... MΩ	I_{SL} ..... mA, R_{ISO} ...... MΩ	I_{SL} ..... mA, R_{ISO} ...... MΩ
Bemerkung …		

10 Der nächste Prüftermin ist festzulegen

Der Prüfer hat die Aufgabe,

- **einen Termin zu nennen,** an dem der Anwender/Betreiber das Gerät wieder zur Prüfung vorstellen sollte [2] und
- **diesen Termin so auszuwählen,** dass bei einem ordnungsgemäßen Betreiben bis zu diesem Zeitpunkt im Gerät wahrscheinlich kein Fehler auftritt.

Um den nächsten Prüftermin fachgerecht zu ermitteln, ist eine sogenannte **Gefährdungsbeurteilung** [2] vorzunehmen. Beurteilt wird jene Gefährdung, die beim Gebrauch des Geräts für dessen Benutzer entsteht.

Das heißt, der Prüfer, der das Gerät soeben geprüft hat, muss

- dessen Allgemeinzustand bewerten und
- einschätzen,
  - welchen äußeren Beanspruchungen es unterliegen und
  - wie der Anwender mit ihm umgehen wird.

Daraus muss er dann ableiten/abschätzen,

- welche Mängel und Gefährdungen nach welcher Betriebszeit möglicherweise auftreten könnten und damit auch,
- bis zu welchem Zeitpunkt höchstwahrscheinlich kein Fehler und keine Gefährdung entstehen wird.

Mit Hilfe dieser Überlegungen ist der nächste Prüftermin so festzulegen, *„... dass entstehende Mängel, mit denen gerechnet werden muss, rechtzeitig festgestellt werden.“* [3]

→ Das Vorschlagen und Festlegen des nächsten Prüftermins sind

- das Ergebnis der Prüfung bzw. der Gefährdungsbeurteilung und somit
- eine die Prüfung abschließende Maßnahme zum Gewährleisten der Sicherheit für den Anwender des Geräts, auf die nicht verzichtet werden darf.

Wer ist verpflichtet, die Gefährdungsbeurteilung vorzunehmen?

In der Betriebssicherheitsverordnung heißt es zunächst:

„Der Arbeitgeber hat vor der Verwendung von Arbeitsmitteln die auftretenden Gefährdungen zu beurteilen (Gefährdungsbeurteilung) und daraus notwendige und geeignete Schutzmaßnahmen abzuleiten.“

Notwendige Schutzmaßnahmen sind dann natürlich auch der Umgang mit einer Prüfung vor der ersten Inbetriebnahme als auch zu klären und festzulegen, wie eine Wiederholungsprüfung durchzuführen ist und welche Prüffristen angemessen sind.

Verantwortlich ist somit der Arbeitgeber. und Betreiber. Sie haben, wie im Kapitel 1 dargelegt, die befähigte Person damit zu beauftragen (s. Bild 1.1).

Diese Person oder ein von ihr beauftragter Mitarbeiter müssen das betreffende Gerät geprüft haben und beurteilen können sowie auch dessen Einsatzbedingungen kennen. Nur dann kann der festgelegte Prüftermin hinreichend begründet werden.

Werden die Geräte eines anderen Unternehmens geprüft, kann der Prüfer deren Einsatzbedingungen nur einschätzen und sollte den Prüftermin daher nur empfehlen. In diesem Fall übernimmt der Auftraggeber als Betreiber die Verantwortung für die Sicherheit „seiner" Geräte und somit auch für das Durchführen der Gefährdungsbeurteilung und die Vorgabe des Prüftermins.

Wie ist der Prüftermin zu bestimmen?

Bild 10.1 zeigt das Prinzip der Gefährdungsbeurteilung für den Einsatz eines elektrischen Geräts, das zum verantwortungsbewussten Ermitteln des Prüftermins verwendet werden kann. Dazu kommen folgende Möglichkeiten:

- Es kann ein dem Bild 10.1 entsprechender Vordruck [26] verwendet werden.
- Es ist möglich, spezielle Softwaretools zur Gefährdungsbeurteilung [24] zu nutzen.
- Es gibt verschiedene Arbeitshilfen zur Erstellung von Gefährdungsbeurteilungen durch die Berufsgenossenschaften und von staatlicher Seite [27], [28].
- Die BetrSichV [2] schreibt aktuell vor, dass die Gefährdungsbeurteilung schon vor der Beschaffung von Geräten begonnen werden muss. Erst im Rahmen einer Wiederholungsprüfung mit dem Ermitteln einer Prüffrist zu beginnen, ist also deutlich zu spät.

In allen Fällen muss der Prüfer das Ergebnis vor dem Hintergrund seiner Erfahrungen kritisch bewerten und gegebenenfalls korrigieren. Ein erfahrener Prüfer, der die ihm gründlich bekannten Geräte seines Unternehmens geprüft hat und deren Prüftermin er bestimmen soll, wird das Beurteilungsprinzip verinnerlicht haben. Er benötigt die Hilfsmittel eigentlich nicht oder nur als Beweis dafür, dass er den Termin nach reiflicher Überlegung und nicht aus dem „hohlen Bauch" heraus bestimmt hat.

Von folgenden Voraussetzungen kann der Prüfer beim Erarbeiten des Prüftermins für ein elektrisches Gerät (Gerätegruppe) ausgehen.

1. Der Anwender gewährleistet, dass die Geräte immer nur bestimmungsgemäß eingesetzt werden und das für die vorgesehene Verwendung geeignet sind.
2. Vor jedem Einatz erfolgt eine Sichtkontrolle durch den das Gerät benutzenden Mitarbeiter.
3. Nach außergewöhnlichen Ereignissen (Wassereinbruch, Überfahren der Anschlussleitung, Überlastung) oder einer Beschädigung durch den Anwender wird dieser das Gerät zur Prüfung bringen.
4. Alle Mitarbeiter werden durch ihren Vorgesetzten hinsichtlich des Umgangs mit den Geräten unterwiesen und kontrolliert.

Auf das Durchsetzen dieser Verhaltensweisen durch den Anwender müssen sich der verantwortliche Prüfer und auch Sie als der das Gerät unmittelbar beurteilende Prüfer verlassen können, anderenfalls stehen die Gefährdungsbeurteilung und der Prüftermin auf wackligen Beinen.

Das Prinzip, nach dem der Prüfturnus bzw. der nächste Prüftermin bestimmt wird, lässt sich anhand der im Bild 10.1 gezeigten Beispiele erkennen.

Ausführlicher kann dies mittels des kompletten Vordrucks [26] erfolgen. Denkbar ist, dass für das Beurteilen weitere besondere Merkmale (wechselnde Arbeitsorte, Qualität des Gerätes, Umweltbedingungen, Umgang der Beschäftigten mit dem Gerät, Verwendungshäufigkeit usw.) zusätzlich in das Schema aufgenommen werden.

Deutlich wird, dass dieses Beurteilen des Ger ts, seiner Beanspruchung und der möglichen Gefährdung eine sehr komplexe Aufgabe ist. Wird die Prüfung von einer EUP durchgeführt, so muss das Datum der nächsten Prüfung durch die befähigte Person vorgegeben werden. Eine EUP kann eine Gefährdungsbeurteilung keinesfalls selbst und alleine erstellen.

Die auf diese Weise erarbeiteten Prüftermine sind Arbeitsgrundlagen des Prüfers. Sie müssen am Prüfplatz vorliegen und von ihm beim Vorschlagen/Festlegen eines jeden Prüftermins berücksichtigt werden.

Werden gleiche oder gleichartige Geräte unter gleichen Bedingungen betrieben, kann für sie eine gemeinsame Gefährdungsbeurteilung erfolgen.

In die **Tabelle 10.1** sollten Sie alle Entscheidungen über Prüffristen eintragen, die operativ, während des Prüfbetriebs, für bestimmte Geräte getroffen wurden, weil sich z. B. neue Erkenntnisse hinsichtlich der Alterung, Beanspruchung usw. ergeben haben.

Tabelle 10.1
Hinweise auf Geräte, für die Gefährdungsbeurteilungen mit Prüffristen vorhanden sind

Gerät (Typ Benennung, Art)	Neue Sachlage	Standort/ bisherige Prüffrist	Neue Prüffrist	Bestätigung verantwortl. Prüfer
Wasserkochtöpfe	mehrfach defekte Schalter	Büro/ 3 Jahre	3 Monate	Meyer 10.10.2012

Weiterführende Informationen zum Ermitteln des Prüftermins finden Sie in der angegebenen Literatur [2] [3] [16] [22] [23] [26].

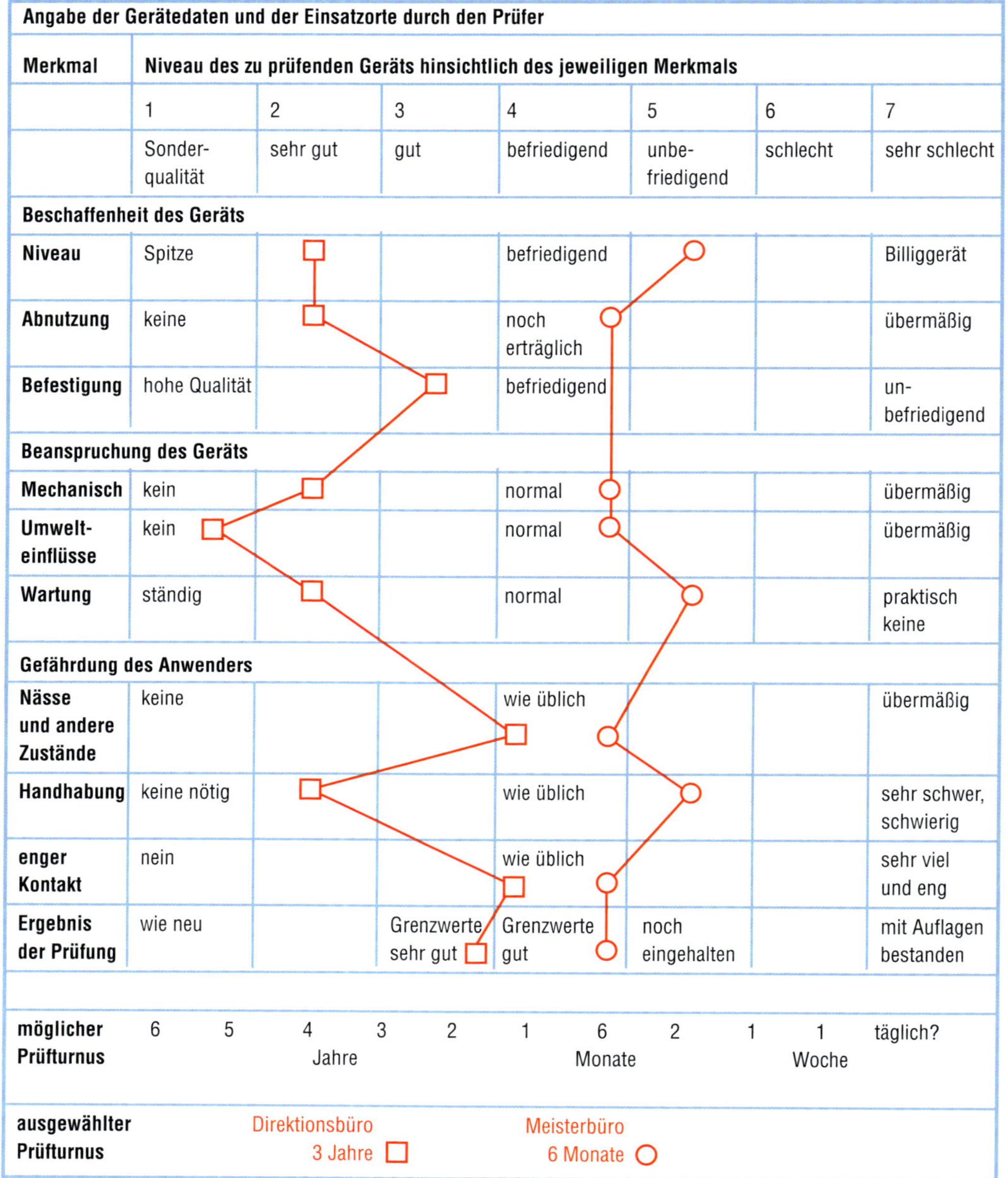

Angabe der Gerätedaten und der Einsatzorte durch den Prüfer							
Merkmal	**Niveau des zu prüfenden Geräts hinsichtlich des jeweiligen Merkmals**						
	1	2	3	4	5	6	7
	Sonder-qualität	sehr gut	gut	befriedigend	unbe-friedigend	schlecht	sehr schlecht
Beschaffenheit des Geräts							
Niveau	Spitze			befriedigend			Billiggerät
Abnutzung	keine			noch erträglich			übermäßig
Befestigung	hohe Qualität			befriedigend			un-befriedigend
Beanspruchung des Geräts							
Mechanisch	kein			normal			übermäßig
Umwelt-einflüsse	kein			normal			übermäßig
Wartung	ständig			normal			praktisch keine
Gefährdung des Anwenders							
Nässe und andere Zustände	keine			wie üblich			übermäßig
Handhabung	keine nötig			wie üblich			sehr schwer, schwierig
enger Kontakt	nein			wie üblich			sehr viel und eng
Ergebnis der Prüfung	wie neu		Grenzwerte sehr gut	Grenzwerte gut	noch eingehalten		mit Auflagen bestanden
möglicher Prüfturnus	6 5 4 3 2 1 Jahre			6 2 1 Monate		1 Woche	täglich?
ausgewählter Prüfturnus		Direktionsbüro 3 Jahre		Meisterbüro 6 Monate			

Bild 10.1

Beispiel der Ermittlung des Prüftermins für einen Wasserkocher unter verschiedenen Einsatzbedingungen durch eine Gefährdungsbeurteilung [26]

Erläuterung zum Bild 10.1

Die hier **beispielhaft** genannten Merkmale
- der Beschaffenheit eines elektrischen Geräts,
- der möglichen Beanspruchungen, denen es unterliegt, und
- der Faktoren, die eine Gefährdung für seinen Anwender hervorrufen oder begünstigen können,

sind vom verantwortlichen Prüfer zu beurteilen. Er hat einzuschätzen in welcher Stärke sie wirksam werden. Sie als zuständige EUP sollten unbedingt darauf dringen, dass dieses Bewerten gemeinsam mit Ihnen erfolgt.

Die Bewertungsskala ist in 7 Stufen eingeteilt, sie beginnt praktisch beim „Idealzustand“ (Sonderqualität) und endet bei „jetzt geht es wirklich nicht mehr“ (sehr schlecht). Das bedeutet
- bei der **Beschaffenheit**
  - von **1 „neues Gerät der besten Qualität“**
  - bis **7 „verschlissen, sollte ausgesondert werden“,**
- bei der Beanspruchung
  - von **1 „wird fast nie benutzt“, „sorgfältige Wartung“**
  - bis **7 „praktisch durchgängig Volllast“, schlechte Wartung“**
- bei der Gefährdung des Anwenders
  - von **1 „nicht vorhanden, nicht möglich“**
  - bis zu **7 „möglich und sehr wahrscheinlich“.**

Die **hier genannten** Merkmale **sind auszugsweise dem Vordruck aus [26] entnommen** und stellen nur einen Teilbereich der notwendigen Gefährdungsbeurteilung dar. Sie muss mittlerweile auch abdecken, ob die Geräte grundsätzlich geeignet sind und dem Stand der Technik entsprechen. Zudem muss sie auch die Wechselwirkungen zwischen Gerät, Arbeitsumgebung, Arbeitsstoffen und Benutzern berücksichtigen.

Anhand der beiden Beispiele, Kaffeekocher in den Büros der Direktion (mit Kästchen gekennzeichnet) und Kaffeekocher in der Werkstatt (mit Punkten gekennzeichnet), soll die Verfahrensweise demonstriert werden. Sie zeigen aber auch, dass selbst völlig gleiche Geräte nicht über einen Kamm geschoren werden dürfen.

Bemerkungen zur Durchführung dieser Gefährdungsbeurteilung
Die graphische Darstellung bietet dem Prüfer ein Gesamtbild über das Gerät und dessen Beanspruchung sowie über die Wahrscheinlichkeit eines Ausfalls und die mögliche Gefährdung seiner Benutzer. Sie ist nicht dazu geeignet, die Prüffrist genau zu errechnen oder graphisch zu ermitteln, sie zeigt aber den Zusammenhang, das Zusammenwirken der Merkmale in positiver oder negativer Richtung und gibt dem Prüfer einen Überblick, einen Denkanstoß. Sie macht es ihm leichter auf der **Grundlage seiner Erfahrungen im Umgang mit den Geräten,**
- einen Gesamteindruck über die Höhe der Gefährdung bzw. die Wahrscheinlichkeit des Entstehens eines Fehlers zu gewinnen und
- einen fachlich gut begründeten Prüftermin festzulegen.

Die Ermittlung des Prüftermins, mithilfe des Schemas im Bild 10.1 oder auf andere Weise, muss dokumentiert werden. Gegebenenfalls kann damit nachgewiesen werden, dass von dem für das Prüfen Verantwortlichen eine gründliche Arbeit geleistet wurde.

11 Denken Sie an den Arbeitsschutz beim Prüfen

Ziel des Prüfers ist es auch,

- die beim Prüfen möglichen Gefährdungen für sich selbst und für andere Personen zu erkennen,
- alle technischen und organisatorischen Maßnahmen zu begreifen und umzusetzen, mit denen diese Gefährdungen vermieden oder beseitigt werden können und
- sich so zu verhalten, dass er und andere keine Gesundheits- oder andere Schäden erleiden.

Gesetzliche Vorgaben

Für das Prüfen gelten die gesetzlichen Vorgaben zum Arbeitsschutz [2] und [4] [5] ebenso wie für jeden anderen Arbeitsgang.

Der Arbeitgeber hat dafür zu sorgen, dass

„… nur Arbeitsmittel (die Prüfgeräte) benutzt werden, die für die vorgesehene Anwendung (das Prüfen elektrischer Geräte) geeignet sind“ [2]

und

„… bei deren bestimmungsgemäßem Benutzen (dem Prüfen) Sicherheit und Gesundheitsschutz gewährleistet …“ [2]

werden.

Vorbereiten des Arbeitsschutzes

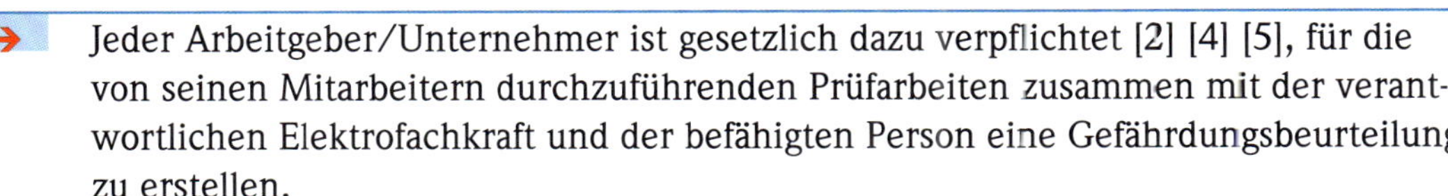

→ Jeder Arbeitgeber/Unternehmer ist gesetzlich dazu verpflichtet [2] [4] [5], für die von seinen Mitarbeitern durchzuführenden Prüfarbeiten zusammen mit der verantwortlichen Elektrofachkraft und der befähigten Person eine Gefährdungsbeurteilung zu erstellen.

→ Mit dem Prüfen sollten Sie nur dann beginnen, wenn eine solche Gefährdungsbeurteilung vorliegt und Sie über die dort aufgeführten Gefährdungen bzw. Schutzmaßnahmen sowie das von Ihnen erwartete § 15 [4] arbeitsschutzgerechte Verhalten unterwiesen worden sind, es also eine Arbeitsanweisung für das Prüfen durch die EUP gibt.

Es geht dabei um

- die beim Zusammenwirken des Prüfers mit dem Prüfgerät und dem zu prüfenden elektrischen Gerät (Prüfling) am Prüfplatz möglicherweise auftretenden Gefährdungen; diese müssen aufgespürt und bewertet werden, sowie
- die zur Abwehr dieser Gefährdungen nötigen Maßnahmen; diese sind zu ermitteln und festzulegen.

Der zum Prüfen vorgesehene Ort, d. h.

- ein ständiger, ortsfester Prüfplatz, z. B. in der Werkstatt (**Bild 11.1**), oder
- ein vorübergehend ortsfester Prüfplatz beim Anwender (**Bild 11.2**) oder

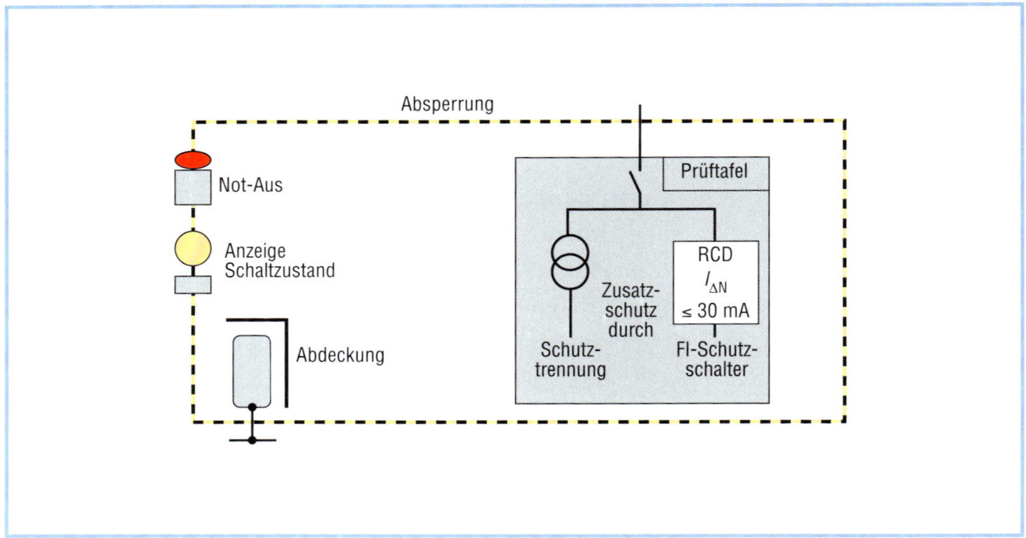

Bild 11.1
Beispiel für Ausstattung und Anordnung eines ortsfesten Prüfplatzes

Bild 11.2
Beispiel für Ausstattung und Anordnung eines zeitweilig ortsfesten Prüfplatzes (Foto Euler)

- ein kurzzeitig als Prüfplatz genutzter Standort am Einsatzort des zu prüfenden Geräts (siehe z. B. Foto 4.1.1), und dessen Besonderheiten sind zu berücksichtigen.

Zu den der Abwehr der Gefährdung dienenden Maßnahmen gehören:

- Berücksichtigen der Vorgaben der für Prüfplätze geltenden Norm VDE 0104 [10], z. B.
  - Teile mit Erdpotential am Prüfplatz abdecken,
  - Einsatz von möglichst allstromsensitiven FI-Schutzschaltern ($I_{\Delta N} \leq 30\,mA$) bei ortsfesten Prüfplätzen und PRCD-S bei mobilen Prüfplätzen,
- Anwenden der nach DIN EN 61557-16 (VDE 0413-16) [13] hergestellten Prüfgeräte,
- Verwenden von geeignetem Zubehör [13] mit entsprechender Messmittelkategorie,
- Prüfen in der vorgegebenen Reihenfolge der Einzelprüfungen (Bilder 2.2 und 2.3),
- arbeitsschutzgerechtes Verhalten des Prüfers z. B.
  - keine provisorischen Messschaltungen anwenden,
  - Prüfling nicht öffnen,
- Festlegen der Verantwortungen für das Umsetzen der Maßnahmen in einer Betriebsanweisung (Anhang 2).

In **Tabelle 11.1** sind typische Gefährdungen aufgeführt, die infolge von Irrtümern, Leichtfertigkeit, defekten oder falsch angewandten Prüfgeräten usw., also bedingt durch Verhaltensfehler des Prüfers, auftreten können.

Tabelle 11.1
Gefährdungen, die beim Prüfen elektrischer Geräte auftreten können

Ursache	**Gefährdung**	**mögliche Folgen**
nicht entdeckter Fehler im Prüfling oder falscher Einsatz der Hilfsmittel/Prüfgeräte oder Prüfen an einem ungeeigneten Platz oder Verstoß gegen die Verhaltensanforderungen	Berührung aktiver Teile mit Netzspannung (möglich beim Messen des Betriebs-, Schutzleiter- oder Berührungsstroms)	Durchströmung
	Berührung von Teilen mit der Prüfspannung 500 V DC (möglich bei der Isolationswiderstandsmessung)	Erschrecken und Folgeunfall
	Verschleppen der Prüf- oder Netzspannung innerhalb des Prüfplatzes oder in andere Arbeitsbereiche durch gelöste Messleitungen	Durchströmung auch anderer Personen
unerwarteter Funktionsbeginn des Prüflings (Drehen, Erhitzen usw.) beim Beginn der Strommessungen	Berührung der Teile, die eine Funktion ausüben (Wellen, Messer, Heizkörper usw.) möglich beim Messen des Betriebs-, Schutzleiter- oder Berührungsstroms	Verletzungen, Erschrecken und Folgeunfall
Lösen der Messleitung oder ihr falscher Anschluss	Berühren eines Teils mit Netzspannung, Verschleppen der Netzspannung auf leitfähige Teile des Prüfplatzes und anderer Arbeitsbereiche	Erschrecken und Folgeunfall, Durchströmung auch anderer Personen
Anschluss des Prüfgeräts an eine Steckdose, die nicht über einen FI-Schutzschalter ($I_{\Delta N} \leq 30$ mA) versorgt wird	Im Fall der Berührung eines Teils mit Netzspannung ist der Schutz nicht gewährleistet.	Durchströmung ohne Abschaltung, Todesfolge möglich

Zuständigkeit für den Arbeitsschutz

Aufgabe des Arbeitgebers oder der von ihm beauftragten Person (verantwortlicher Prüfer) ist es,

- das Umsetzen der zum Arbeitsschutz festgelegten Maßnahmen (Anhang 2) zu gewährleisten.

Aufgabe des Prüfers, also auch die Ihre als EUP, ist es, bei allen Prüfungen und an jedem Prüfplatz die jeweils vorgegebenen Maßnahmen

- zum eigenen Schutz sowie
- zum Schutz der anderen im Prüfbereich anwesenden Personen

einzuhalten und durchzusetzen.

Vorgaben für die Prüfplätze

Die Prüfung muss an einem Ort erfolgen, an dem der Arbeitsschutz gesichert werden kann. Dafür kommen infrage:

- ein *ortsfester Prüfplatz* nach VDE 0104 (**Bild 11.1**); alle dort vorgegebenen Maßnahmen zum Schutz des Prüfers und anderer Personen sind zu beachten,
- ein *zeitweilig ortsfester Prüfplatz* (**Bild 11.2**), der in Bezug auf den Arbeitsschutz mit mobilen Geräten und Schutzeinrichtungen so zu erstellen ist, dass er hinsichtlich des Arbeitsschutzes einem ständigen ortsfesten Prüfplatz entspricht.

Bei einem *mobilen Prüfplatz* – Prüfung am Einsatzort des zu prüfenden Geräts (s. Fotos in den Kapiteln 4 und 5) – ist

- durch technische Maßnahmen (mobiler FI-Schutzschalter oder Prüfgerät mit FI-Schutzschalter, trockener/isolierender Standort, Absperrung usw.) sowie
- durch organisatorische Maßnahmen (Unterweisung und Beobachtung aller möglicherweise anwesenden Personen) und
- durch das eigene arbeitsschutzgerechte Verhalten

dafür zu sorgen, dass im Prinzip das gleiche Sicherheitsniveau vorhanden ist wie bei einem ständigen Prüfplatz.

Die Entscheidung über den Prüfablauf bzw. den Ort der Prüfung obliegt der verantwortlichen Elektrofachkraft und der befähigten Person.

Weiterführende Informationen zum Arbeitsschutz finden Sie in der angegebenen Literatur [2] [3] [4] [10] [13] [21].

Anhang

Anhang 1

Beispiel eines Formulars zum Berufen eines Mitarbeiters zur „Elektrotechnisch unterwiesenen Person“ *(Gegebenenfalls ist dieses Formular um spezielle betriebliche Belange zu ergänzen und den speziellen Aufgaben der betreffenden EUP anzupassen)*

Berufung zur elektrotechnisch unterwiesenen Person (EUP) zur Wiederholungsprüfung ortsveränderlicher elektrischer Arbeitsmittel nach VDE 0702

Gemäß der Unfallverhütungsvorschrift „Elektrische Anlagen und Betriebsmittel“ DGUV Vorschrift 3, VDE 1000-10, DGUV Information 203-071 und der DIN VDE 0105-100/A1 wird

Name: .... Personalnummer: ....

Arbeitsbereich: ....

hiermit zur

elektrotechnisch unterwiesenen Person (EUP)

für die oben genannten Prüfungen berufen.

Frau/Herrn ....

- ist bezüglich der Prüftätigkeit im Unternehmen ausdrücklich in jeder Hinsicht nur den Weisungen der für die Prüfung verantwortlichen befähigten Personen nach TRBS 1203 unterstellt.
- verpflichtet sich durch ihre/seine Unterschrift, keine weiteren Tätigkeiten, Schalthandlungen oder Eingriffe an betrieblichen elektrischen Anlagen vorzunehmen.
- ist aufgrund dieser Bestellung berechtigt, unter der „Leitung und Aufsicht“ einer befähigten Person gemäß TRBS 1203, Wiederholungsprüfungen an ortsveränderlichen elektrischen Arbeitsmitteln im Rahmen überschaubarer Prüfabläufe durchzuführen.

Frau/Herrn .... wurde vor dieser Berufung in einem Seminar zur elektrotechnisch unterwiesenen Person gemäß DGUV Vorschrift 3 und VDE 1000-10 geschult und über die Gefahren des elektrischen Stromes sowie die Gefahrenabwehrmaßnahmen belehrt. Wesentlicher Inhalt der Ausbildung war das Prüfen ortsveränderlicher elektrischer Arbeitsmittel nach VDE 0702.
Eine praktische Einweisung in die Prüfsoftware/-hardware und die Prüforganisation ist vorher durchzuführen.

Ort, Datum: ....

Unterschrift EUP: ....

Unterschrift befähigte Person (Pate): ....

Unterschrift verantwortliche Elektrofachkraft: ....

Unterschrift disziplinarischer Vorgesetzter: ....

Anhang 2

Beispiel einer betrieblichen Anweisung zur Organisation der Prüfung

(Diese Betriebsanweisung ist eine stark gekürzte Zusammenfassung von notwendigen Regelungen zum Beschaffen, Benutzen und Prüfen von elektrischen Arbeitsmitteln. Die Inhalte müssen je nach betrieblicher Organisation angepasst, erweitert und konkretisiert werden.)

(Angaben zum Betrieb bzw. Bereich, in dem die Anweisung gilt)

Betriebsanweisung
„Prüfung der ortsveränderlichen elektrischen Geräte des Unternehmens"

Gemäß Betriebssicherheitsverordnung sind alle ortsveränderlichen elektrischen Geräte regelmäßig einer Prüfung zu unterziehen. Um dieser gesetzlichen Auflage nachzukommen, wird festlegt:

1. Herr *Gotthold Freundlich* (Namensbeispiel) als für das Prüfen verantwortliche Elektrofachkraft ist dafür zuständig, dass alle ortsveränderlichen elektrischen Geräte unseres Betriebs erfasst und regelmäßig geprüft werden.
   Von ihm sind alle erforderlichen Voraussetzungen zur Durchsetzung dieser Anweisung zu ermitteln und mir zu nennen.
2. Von allen Abteilungen unseres Betriebs ist Herrn *Freundlich* eine elektronische Datei mit der Aufstellung der vorhandenen Geräte zu übergeben. In welcher Form diese Datei auszuführen ist, wird von Herrn Freundlich vorgegeben
   V: Abteilungsleiter Instandsetzung
3. In diesem Zusammenhang ist zu sichern, dass alle Geräte in der Datei erfasst und entsprechend gekennzeichnet sind. Es ist nicht gestattet, private Elektrogeräte im Betrieb zu betreiben.
   V: Abteilungsleiter
4. Die Geräte sind Herrn *Freundlich* von den einzelnen Abteilungen anzuliefern, sofern nicht mit ihm vereinbart wurde, dass sie am jeweiligen Einsatzort geprüft werden. Die Termine der Anlieferung werden von Herrn *Freundlich* in Absprache mit den Abteilungen vorgegeben.
   V: Bereichsleiter, Abteilungsleiter, Herr *Freundlich*
5. Die Neuanschaffung von Geräten ist mit Herrn Freundlich abzustimmen. Die Geräte werden über ihn beschafft, inventarisiert, einer Prüfung vor der ersten Inbetriebnahme unterzogen und bereitgestellt. Er legt auch den Prüfturnus fest.
   V: Abteilungsleiter, Herr *Freundlich*
6. Herr *Freundlich* ist von mir beauftragt, im Zusammenhang mit seinen Prüfungen auch die Einsatzbedingungen und den Zustand der Geräte durch Kontrollen an deren Einsatzorten zu überprüfen. Herr *Freundlich* hat das Recht, Geräte, die eine Gefährdung hervorrufen können, nach Information und in Absprache mit dem Arbeitsverantwortlichen bzw. dem Abteilungsleiter einzuziehen.
7. Um Doppelarbeiten zu vermeiden, wird die Prüfung der dem Werkzeuglager zurückgegebenen Geräte künftig von Herrn *Freundlich* vorgenommen.
   V: Herr *Freundlich*, Leiter Werkzeuglager
8. Die Kennzeichnung der bestandenen Geräteprüfung erfolgt durch eine Prüfplakette, auf der der Termin der nächsten Prüfung angegeben wird. Geräte, deren Termin überschritten ist, dürfen nicht mehr benutzt werden und sind unverzüglich Herrn *Freundlich* anzuliefern.
   V: Abteilungsleiter
9. Alle Mitarbeiter haben an den von ihnen verwendeten Geräten vor jeder Inbetriebnahme, mindestens aber einmal täglich, zu kontrollieren, ob offensichtliche Mängel erkennbar sind.
   V: Mitarbeiter, Abteilungsleiter für Kontrolle
10. Alle Mitarbeiter sind über diese Regelung durch eine Unterweisung zu informieren. Bei der Unterweisung ist durch Herrn *Freundlich* zu erläutern, welche Bedeutung die Geräteprüfung für die Sicherheit aller Mitarbeiter hat und worauf beim Umgang mit elektrischen Geräten zu achten ist.
    V: Abteilungsleiter, Herr *Freundlich*
11. Für die Aufsicht und Anleitung von Mitarbeitern, die als elektrotechnisch unterwiesene Personen berufen und mit dem Prüfen von elektrischen Geräten beauftragt wurden, ist hinsichtlich dieser Prüfarbeit ausschließlich Herr *Freundlich* zuständig.

.... den............................ Betriebs-/Bereichsleiter ....

Anhang 3 (Teil 1/2)

Hinweise zur Verfahrensweise und zu fachlichen Schwerpunkten der Information über das sachgerechte Verhalten beim Umgang mit elektrischen Geräten, die der Prüfer (EFK, EUP) den Mitarbeitern des Unternehmens vermitteln sollte.

(Diese Betriebsanweisung ist eine stark gekürzte Zusammenfassung von notwendigen Regelungen zum Beschaffen, Benutzen und Prüfen von elektrischen Arbeitsmitteln. Die Inhalte müssen je nach betrieblicher Organisation angepasst, erweitert und konkretisiert werden.)

Vorbemerkung

Die Eigenart elektrischer Geräte ist es, dass sie auch dann noch funktionieren, wenn bereits eine ihrer Sicherheitsmaßnahmen nicht mehr gegeben ist. Das gilt z. B.

- bei defekten Abdeckungen, deren Aufgabe es ist, das Eindringen von Fingern oder leitfähigen Gegenständen (Nadel, Messer, Nagel usw.) zu verhindern, und
- bei Bruch des Schutzleiters, durch den berührbare leitfähige Teile des Geräts „geerdet" werden sollen.

Trotz z. B. beschädigter Abdeckung oder Schutzleiterbruchs funktioniert das Gerät scheinbar noch ordnungsgemäß.

Leider gehen Mitarbeiter, aber auch Führungskräfte oftmals leichtfertig mit elektrischen Geräten um. Sie beachten die möglichen Gefährdungen einschließlich der bereits vorliegenden negativen Erfahrungen nicht und unterschätzen die Notwendigkeit der Geräteprüfung.

Es ist daher erforderlich, dass jeder Mitarbeiter und jeder Vorgesetzte immer wieder von Ihnen

- über die Notwendigkeit des Prüfens informiert und
- an das Einhalten der Vorgaben aus der Betriebsanweisung erinnert

wird.

Möglicherweise wird es daher unvermeidlich sein,

- nicht zur Prüfung angelieferte Geräte einzuziehen und
- Geräte, die eine akute Gefahrensituationen verursachen, sofort abschalten zu lassen.

Aus diesen Gründen sollten Sie Folgendes beachten:

1. **Nur die über elektrische Geräte gut informierten Elektrofachkräfte sind in der Lage, Elektrolaien über das im Umgang mit elektrischen Geräten erforderliche Verhalten zu unterweisen.**

   Sie sollten daher von den in ihrem Verantwortungsbereich wirkenden Vorgesetzten verlangen, sie mit diesbezüglichen Unterweisungen der Mitarbeiter zu betrauen (s. Betriebsanweisung).

2. **Gehen Sie davon aus, nehmen Sie zur Kenntnis, dass die Mitarbeiter (Elektrolaien) oft meinen,**

   - **sie müssten nicht unterwiesen werden, weil sie mit den Geräten richtig umgehen,**
   - **ihnen könnte nichts passieren und daher sei das Prüfen der Geräte unnötig.**

   Bedenken Sie immer, dass es ihre betriebliche Aufgabe ist, für sichere Geräte zu sorgen – auch wenn es mitunter schwierig sein wird sich durchzusetzen und schwer fällt, sich die nicht immer freundlichen Bemerkungen der Mitarbeiter anzuhören.

3. **Zeigen Sie den Mitarbeitern bei deren Unterweisung die von Ihnen wegen eines Defekts beanstandeten Geräte [2], [30].**

   Demonstrieren Sie mit einem der Prüfgeräte den Prüfvorgang an solch einem defekten Gerät und erläutern Sie, wie der jeweilige Fehler entstanden ist.

   Informieren Sie die Betriebsangehörigen durch das Veröffentlichen von Zeitungsnotizen, in denen

   - über elektrische Unfälle oder Brände berichtet wird, die durch elektrische Geräte entstanden sind (Übergabe anlässlich der Unterweisung),
   - Rückrufaktionen für solche elektrischen Geräte veröffentlicht wurden, die möglicherweise von Betriebsangehörigen im privaten Bereich genutzt werden.

Anhang 3 (Teil 2/2)

4. **Demonstrieren Sie mit den elektrischen Geräten, die Sie selbst benutzen, eine vorbildliche Arbeit für die Sicherheit (Sauberkeit, Unterbringung, Transportart, Prüfmarke).**

5. **Führen Sie die Prüfungen so weit wie möglich an den Arbeitsplätzen der Mitarbeiter durch.**

   Zum einen prüfen Sie dann die Geräte im praktisch „betriebsmäßigen" Zustand und zum anderen wird der Aufwand für das Anliefern der Geräte vermindert. Außerdem können Sie auf diese Weise die Mitarbeiter unmittelbar über ein etwaiges falsches Verhalten beim Umgang mit den Geräten informieren und illegal vorhandene private oder ohne Ihre Mitwirkung eingekaufte Geräte entdecken. Hinzu kommt, dass Sie auf diese Weise feststellen können, wie die Beanspruchungen vor Ort zu bewerten und welche Prüffristen zweckmäßig sind.

6. **Informieren Sie Mitarbeiter, die mit stark strapazierten elektrischen Geräten arbeiten, über die möglicherweise auftretenden Fehler und das Verhalten zur Fehlervermeidung.**

   Führen Sie vor Ort gegebenenfalls Zwischenprüfungen durch. Möglich wäre auch, den betreffenden Mitarbeitern ältere, bei Ihnen nicht mehr verwendete Prüfgeräte zur Verfügung zu stellen, damit sie bestimmte Prüfungen – z. B. Nachweis des Schutzleiterdurchgangs – selbst durchführen.

7. **Vereinbaren Sie mit den Leitern von Werkstätten, Büros usw. Termine zur Vor-Ort-Prüfung von Gerätekomplexen (PCs und Nebengeräte). Das spart Demontage und Transport der zu prüfenden Geräte.**

   Bei solchen Prüfungen sollten Sie immer die befähigte Person hinzuziehen und überlegen, ob derartige Gerätekomplexe wirklich erforderlich sind und ob sie nicht durch eine Veränderung der ortsfesten Installation aufgelöst werden können.

8. **Bestehen Sie darauf, dass in den Unterweisungen aller Mitarbeiter des Unternehmens wenigstens einmal im Jahr die möglichen Gefährdungen durch defekte elektrische Geräte, ihr richtiges Verhalten (Anhang 4) und die Notwendigkeit der Prüfung der Geräte behandelt werden.**

9. **Achten Sie darauf, dass die elektrischen Geräte nur in jenen Bereichen verwendet werden, für die sie vorgesehen wurden.**

   Vor allem in Außenbereichen oder in Werkstätten werden oftmals Geräte verwendet, die z. B. nur für den Einsatz in Innen- oder Büroräumen geeignet sind [29].

10. **Informieren Sie sich, ob und wie die elektrischen Geräte in den Bereichen des Unternehmens in die Instandhaltung oder Reinigung einbezogen werden.**

    Es ist erforderlich, dass diese Arbeiten sachgerecht, d. h. durch eine entsprechend unterwiesene Person vorgenommen werden.

11. **Außerdem ist zu beachten**

    ____

    ____

    ____

    ____

    ____

    ____

    ____

    ____

Anhang 4

Beispiele für Hinweise zum arbeitsschutzgerechten Verhalten der nicht fachkundigen Mitarbeiter (Elektrolaien) bei ihrem Umgang mit elektrischen Geräten

Diese Hinweise sind ein Teil der betrieblichen Organisation Elektrotechnik. Sie können auch als Stichpunkte für eine Unterweisung nach DGUV Vorschrift 1 [30] genutzt werden.

Elektrische Geräte haben die Eigenschaft, dass sie auch dann noch funktionieren, wenn eine ihrer Sicherheitsmaßnahmen nicht mehr oder nicht vollständig wirksam ist. Hinzu kommt die Eigenschaft der Elektrizität, dass der Mensch ihre Anwesenheit mit seinen Sinnen nicht wahrnehmen kann, es sei denn, es kommt zu einer Durchströmung.
Daher ist es erforderlich, elektrische Geräte so zu behandeln und zu kontrollieren, dass keine Mängel auftreten oder etwaige Mängel rechtzeitig festgestellt werden und daher keine Gefährdung von Menschen durch die Elektrizität erfolgen kann.

Aus diesem Grund sollten Sie bitte Folgendes beachten:

1. **Kaufen Sie keine „Billiggeräte"!**
   Bei diesen Geräten spart der Hersteller, indem er alle Teile so konstruiert und das Material so auswählt, dass die Sicherheit gerade noch im Neuzustand gegeben ist. Die Zuverlässigkeit fehlt!

2. **Kaufen Sie keine elektrischen Geräte aus zweiter Hand!**
   Das Sicherheitsniveau ist möglicherweise nicht ausreichend. Wenn Sie ein solches Gerät doch verwenden wollen, lassen Sie es vorher von einer Elektrofachkraft prüfen.

3. **Kaufen Sie elektrische Geräte nur beim Fachhandel!**
   Und auch dort nur, wenn diese Geräte eine CE-Kennzeichnung und möglichst ein GS-Zeichen aufweisen. Geräte sollten nur von Händlern aus Europa gekauft werden. Kommen Geräte von einem Händler außerhalb der EU, so kann es zu Problemen bei der Produkthaftung kommen.

4. **Lassen Sie sich jedes Gerät vorführen und sich dessen Anwendung erklären!**
   Zu dieser Erklärung gehört auch, dass die Einsatzbedingungen (wo, wie, wie lange, wie oft usw.) und der sichere Umgang mit dem Gerät erläutert werden.

5. **Nehmen Sie sich vor jedem Benutzen eines Geräts 10 s Zeit!**
   Kontrollieren Sie das Gehäuse, die Leitung und den Stecker.
   - Alle Teile müssen fest sitzen.
   - Schon der kleinste Defekt ist Grund genug, das Gerät nicht mehr zu verwenden.
   - Keine Nässe, kein Schmutz dürfen an jenen Stellen zu finden sein, an denen sie eindringen können.
   - Sind Spuren einer Überlastung, der Alterung festzustellen?

   Wenn der auf der Prüfmarke angegebene Termin verstrichen ist, dann Verwendung ablehnen. Anderes Gerät anfordern. Prüfer informieren.

6. **Jedes Gerät, das sich ungewöhnlich verhält (Wärme, Geräusch, Verfärbung, Bewegung), sofort abschalten!**

7. **Benutzen Sie die für den Hausgebrauch geeigneten Geräte niemals im Freien oder wenn sie nass geworden sind! Verwenden Sie keine Geräte, wenn Sie sich in der Badewanne befinden!**

8. **Keine privat angeschafften Geräte unerlaubt mit in den Betrieb bringen!**
   Diese Geräte sind für die Art der im Betrieb üblichen Verwendung nicht geeignet.
   Gegebenenfalls der verantwortlichen Elektrofachkraft vorstellen.

9. **Keine Eigenreparatur! Kein Flickwerk! Kein Experiment!**

10. **Kontrollieren Sie alle Geräte, die lange Zeit nicht benötigt wurden, bevor Sie diese verwenden!**
    Das sind die aus den Schubladen in Keller, Boden, Gartenhaus. Sie können inzwischen erheblich beansprucht worden sein (Kälte, Nässe, Schmutz, Kraft). Vor dem Verwenden zur Prüfung bringen.

11. Verlängerungsleitungen sind nur scheinbar gute Helfer.
Denken Sie an die Stolpergefahr.

12. Mehrfach-Tischsteckdosen sind nicht immer gute Helfer.
Keinesfalls mehrere von ihnen hintereinander schalten. Lassen Sie sich zusätzliche Steckdosen installieren, damit vermeiden Sie Unfallquellen.

Bitte um eigene Erfahrungen/Erlebnisse sowie betriebliche Ereignisse ergänzen.

13. ...

14. ...

Anhang 5

Bitte am Prüfplatz aushängen. Um die eigenen Erfahrungen ergänzen.

Prüfschritte des Besichtigens

Bedenken Sie:

- Das Besichtigen ist der wichtigste Prüfgang.
- Durch das Besichtigen findet man fast alle Mängel.
- Jeder Teil des Geräts ist wichtig. Jeder Teil hat eine Sicherheitsfunktion.

Kontrollieren Sie,
ob das Gerät offensichtliche Mängel hat, die

- vor den weiteren Prüfgängen behoben werden können/müssen oder
- das weitere Prüfen nicht zulassen (Instandsetzen? Aussondern?).

Entscheiden Sie,
ob es sich um ein Gerät

- mit Schutzleiter oder
- ohne Schutzleiter

handelt oder nur an eine Kleinspannungsquelle anzuschließen ist (Sonderstecker).

- ....

Beginnen Sie mit dem Besichtigen.

Folgende Merkmale müssen Sie gründlich untersuchen:

- CE-/GS-Zeichen — vorhanden
- Inventarisierung — durchgeführt?
- alte Prüfmarke — vorhanden? Termin eingehalten?
- Einsatzort — (einschätzen) bestimmungsgemäß?
- Einsatzart — (einschätzen) bestimmungsgemäß?
- ....

Dann folgende Teile bewusst und gründlich mit allen Sinnen betrachten:

- Gerätekörper: — Risse, Bruchstellen, Verfärbungen, Anzeichen von Eingriffen, Überlastung, Alterung, fester Sitz der Teile?
- Montageöffnungen: — IP-Schutzart, Nässe, Schmutz?
- Lüftungsöffnungen und Lüfter: — IP-Schutzart, eingedrungener Schmutz, Nässe, Gitter, Filter vorhanden/auswechseln, richtiger Typ?
- Befestigungen: — verschoben, locker, unvollständig, zuverlässig?
- Behälter: — Zustand, dicht (klären, ob Messungen mit Inhalt nötig?)
- Handgriffe usw.: — Zustand, verwendbar, Verletzungsmöglichkeit, Temperatur?
- Beschriftungen — verständlich, lesbar?
- Symbole: — erkennbar?
- ....

Die Leitungen ganz bewusst und gründlich mit allen Sinnen betrachten. Den Tastsinn benutzen!

- Leitungseinführung, — locker, beschädigt, zweckmäßig, IP-Schutzart,
- Gerät und Stecker: — Zugentlastung, Biegeschutz?
- Leitung: — Risse, gequetscht, durch Wärme/Umwelt verfärbt?
- Steckergehäuse: — Bruchstellen, Befestigung, IP-Schutzart?
- Steckerkontakte: — Zustand, Schmorstellen, fester Sitz? (Erproben mechanischer Funktionen)
- Kontaktbuchsen: — Zustand, Schmorstellen, fester Sitz, Federwirkung? Klären, ob Kleinspannungsausgang! (Erproben der mechanischen Funktionen, wenn möglich)

- Schutzleiterkontakte: Zustand, Schmorstellen, fester Sitz, Federwirkung Übergangswiderstand zu erwarten?
- ....

Die berührbaren leitfähigen Teile ganz bewusst und gründlich mit allen Sinnen betrachten!

- einschätzen: Sind sie mit dem Schutzleiter verbunden oder schutzisoliert?
- zugängliche Teile: Zustand, IP-Schutzart, Befestigung, Bedienbarkeit, Bezeichnung erkennbar?
  - Sicherungen: richtige Bestückung?
  - Leuchtmittel usw.: richtige Bestückung?
- Schutzeinrichtungen: richtige Einstellung, Bedienbarkeit, Rückstellmöglichkeit (Erproben mechanischer Funktionen! Messungen nötig?)
- ....

Folgende Fragen sind so weit wie möglich zu klären:

- Ist das Gerät für die Verwendung geeignet?
- Ist eine Betriebs-/Bedienanleitung vorhanden?
- Gibt es Herstellervorgaben für die Prüfung? Welche?
- Gibt es ein Prüfprotokoll oder Messwerte früherer Prüfungen?
- Hat das Gerät eine EMV-Beschaltung? Sind deren Daten (Ableitstrom, Entladewiderstand) bekannt?
- Hat das Gerät ein Entstörelement im Schutzleiter?
- Sind Übergangswiderstände an den Schutzleiterkontakten zu erwarten?

Eigene Erfahrungen eintragen. Zu besichtigen ist auch noch:

- ....
- ....
- ....

Anhang 6

Informationen zum Schutzleiterwiderstand

Es ist zwar nicht sehr schwierig, aber mitunter zeit- und nervenraubend, den Istwert des Schutzleiterwiderstands eines elektrischen Geräts rechnerisch zu ermitteln. Hinzu kommt, dass einige der Randbedingungen (Übergangswiderstände, Schutzleiterbahnen im Gerät, Werkstoffe der Schutzleiterbahn) nicht exakt ermittelt werden können und daher mehr oder weniger als Schätzwert in die Rechnung eingehen. Das Ergebnis ist ungenau.

Es genügt somit, wenn Sie diesen „ungenauen" Istwert rechnerisch ermitteln und mit dem Messwert vergleichen, beide müssen nur „in etwa" übereinstimmen.

Bild A 6.1 zeigt, welche Komponenten des Widerstands zu berücksichtigen sind. Das Diagramm im **Bild A 6.2** hilft, den Widerstand der Ader des Schutzleiters zu ermitteln.

Pauschal können bei Leitungen über 5 m und über 16 A Übergangswiderstände von 0,1 Ω angenommen werden.

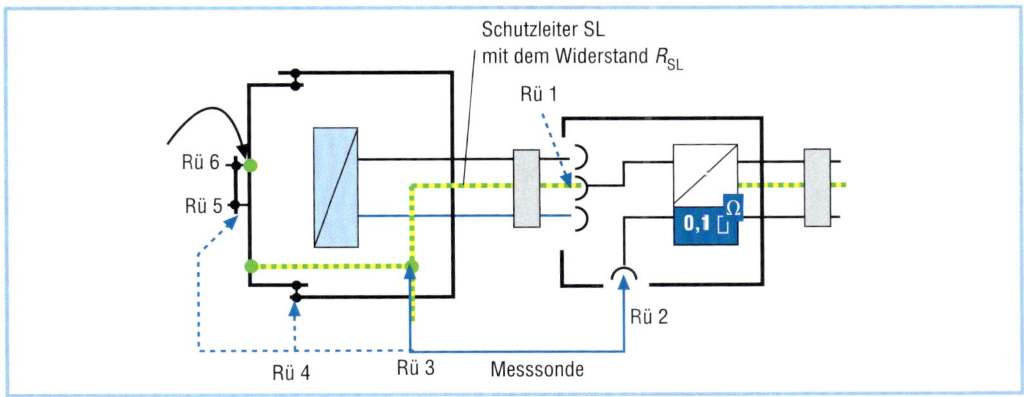

Bild A6.1

Schutzleiter- und Übergangswiderstände in der Messstrecke (Schutzleiterbahn), die in den jeweiligen Messwert eingehen. Beim Messen am Handgriff gehen z. B. auch dessen Übergangswiderstand zum Körper (Rü 6) und jener zwischen Messspitze und Handgriff (Rü 5) in den Messwert ein.

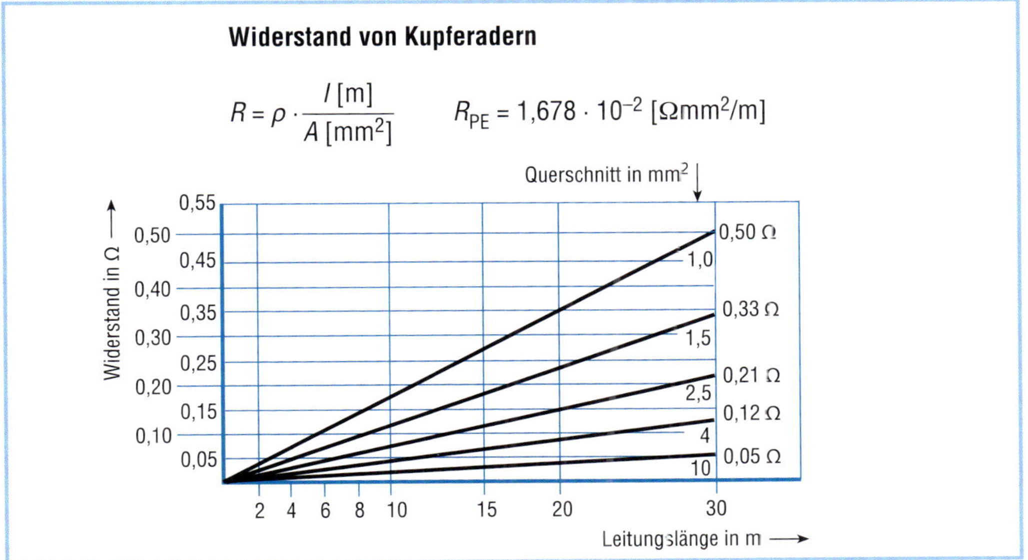

Bild A6.2

Ermitteln der Widerstände einer Schutzleiterader

Anhang 7

Vorschlag einer Prüfanweisung

In dieser Prüfanweisung für eine „EUP für das Prüfen elektrischer Geräte" werden alle Einzelaufgaben genannt, die von ihr durchzuführen sind.

→ **Hinweis:**

Den Anhang 7 (Vorschlag einer Prüfanweisung) finden Sie auch zum Ausdruck auf unserer Website. Der Zugang erfolgt über

www.elektro.net/download_Buch_EUP Username: EUP Passwort: Pruefanweisung

Prüfanweisung

für eine elektrotechnisch unterwiesene Person (EUP)
zur Wiederholungsprüfung ortsveränderlicher elektrischer Geräte. Sie gilt für:

Frau/Herr .... Bereich/Abt. ....
und betrifft das Prüfen
der Geräte ....
.... im Bereich.................................

Leitung und Aufsicht der Prüfung sowie das Umsetzen und
Aktualisieren dieser Anweisung obliegen dem
verantwortlichen Prüfer Frau/Herr .... Bereich/Abt. ....

Diese Prüfanweisung wurde übergeben/empfangen am ....

....	....	....
Vorgesetzter	verantwortlicher Prüfer	EUP

1. Einführung

Im Rahmen der betrieblichen Organisation im Bereich der Elektrotechnik müssen die verantwortliche Elektrofachkraft (VEFK) und die von ihr eingesetzten Elektrofachkräfte sicherstellen, dass nur Mitarbeiter mit ausreichender Qualifikation elektrotechnische Tätigkeiten verrichten. Die Umsetzung dieser Auswahl- und Fürsorgeverantwortung seitens der Vorgesetzten muss aufgrund gesetzlicher Forderungen kontrolliert und in geeigneter Form nachweislich dokumentiert werden. Diese Prüfanweisung mit ihren Anhängen und dem Logbuch ist damit ein wichtiges Instrument im Zusammenhang mit der Leitungs- und Aufsichtsführung durch die verantwortliche Elektrofachkraft (VEFK) und zur Erfüllung der daraus resultierenden Aufsichts- und Kontrollverantwortung der fachlichen Vorgesetzten.

Die EUP kann entsprechend ihrer Berufung grundsätzlich
- im Prüfteam zusammen mit der befähigten Person Geräteprüfungen durchführen oder
- Geräteprüfungen gemäß Prüfanweisung durchführen.

Dazu ist es notwendig, dass
- es für jeden Gerätetyp in einer Prüfanweisung konkrete Vorgaben für die Durchführung von Prüfschritten und zu beachtenden Besonderheiten gibt und
- die Prüfanweisungen ständig aktuell gehalten werden.

Damit wird deutlich, dass jede EUP
- auch die Verantwortung für die ordnungsgemäße Durchführung der ihr übergebenen Prüfarbeiten und für ihr einwandfreies handwerkliches Arbeiten zu übernehmen hat und
- verpflichtet ist, sich das nötige Wissen für die in der Anweisung aufgeführten Arbeitsaufgaben anzueignen.

Diese Prüfanweisung
- dient auch der klaren, nachweisbaren Abgrenzung der Verantwortung zwischen EUP und der befähigten Person,
- ist eine Voraussetzung dafür, dass die EUP auch bei Abwesenheit prüfen darf und
- ist von der befähigten Person zu aktualisieren (Tabelle 1), wenn sich die Prüfaufgaben der EUP ändern.

2. Prüfaufgaben der EUP

Die nachfolgende Fassung der Prüfaufgaben ist ein Beispiel, das von der befähigten Person an die Belange des Betriebsbereichs o. ä. anzupassen ist (siehe Tabelle 1).

Prüfaufgabe

für eine elektrotechnisch unterwiesene Person, die mit Arbeiten der Wiederholungsprüfung an ortsveränderlichen elektrischen Geräten beauftragt wurde

Sie gilt für
Frau/Herr .... die/der am .... von ....
zur EUP für diese Tätigkeit im Bereich .... berufen worden ist.
Für den Inhalt und die Aktualisierung dieser Prüfanweisung sowie
für die erforderliche Anleitung und Aufsicht gegenüber
Frau/Herrn (EUP) .... ist zuständig Frau/Herr (befähigte Person) ....

Allgemeine Vorgaben für die EUP

- Diese Prüfanweisung gilt im Zusammenhang mit der Berufung zur EUP für die Wiederholungsprüfung an elektrischen Geräten.
- Von der EUP sind nur Prüfarbeiten durchzuführen, die in der Prüfanweisung beschrieben sind oder zusammen mit der befähigten Person durchgeführt werden.
- Ergeben sich beim Prüfen unklare, unübersichtliche, gefährdende oder andere unerwartete Situationen/ Ergebnisse, so ist die Prüfung abzubrechen und die befähigte Person zu informieren.
- Die Prüfarbeiten sind ausschließlich an den Orten vorzunehmen und mit den Prüfgeräten durchzuführen, die durch die befähigte Person benannt worden sind.
  Prüforte .... Prüfgeräte ....
  ....
  ....
  ....

Prüfaufgaben der EUP

- Organisation der Bereitstellung der turnusmäßig zu prüfenden Geräte
- Es dürfen sämtlich Prüfgänge nach DIN EN 50699 (VDE 0702) durchgeführt werden: Ausnahmen sind
  – die Isolationswiderstands- und die Berührungsstrommessung an Geräten oder Geräteteilen mit Kleinspannung oder isolierten Eingängen,
  – Messungen an Geräten der EDV oder mit elektronischen Steuerungen,
  – Prüfungen von medizinischen elektrischen Geräten, Schweißgeräten und Geräten mit „Ex-Schutz-Kennzeichnung". Diese dürfen grundsätzlich nicht durchgeführt werden.
- Die Freigabe der geprüften Geräte erfolgt durch die EUP, sofern sie den in der Prüfanweisung beschriebenen Anforderungen entsprechen. Die befähigte Person kontrolliert dies angemessen.
- Prüflinge, bei denen die Grenzwerte nicht eingehalten oder unübliche Messwerte festgestellt werden, sind dem verantwortlichen Prüfer der befähigten Person vorzulegen.

Eingeschränkte Prüfaufgaben der EUP

- Der EUP unbekannte, z. B. neu angeschaffte oder von Mitarbeitern mitgebrachte Geräte sind erst dann zu prüfen, wenn der Prüfablauf vom verantwortlichen Prüfer festgelegt wurde.
- ....
- ....

(Bereits vorgenommene Ergänzungen/Änderungen siehe Tabelle 1)

3. Anleitung, Kontrolle und Zusammenarbeit

Nur die befähigte Person kann einschätzen, welche Fähigkeiten ihre EUP haben muss, um die von ihm übergebenen Aufgaben lösen zu können. Demzufolge darf nur sie das Können der EUP beurteilen, sowie sie mit Prüfarbeiten beauftragen. Ebenso muss sie gegebenenfalls für die

- nötige Schulung/Weiterbildung,
- die Einweisung/Unterweisung in die Ausfgabe und die einzelnen Arbeits-/Prüfschritte und
- die in jedem Einzelfall, für jeden Prüfling und für jedes Prüfgerät erforderliche Anleitung sorgen.

Zu dieser „Anleitung" gehört, dass sie

- die Regeln für das Zusammenwirken zwischen ihm und der EUP festlegt (Information, Vorgaben, An-/Abwesenheit, Erreichbarkeit, Problemklärung usw.) und
- die nötigen materiellen Voraussetzungen für die Arbeit der EUP sicher stellt.

Da die befähigte Person vom Arbeitgeber, bzw. ihrem Vorgesetzten, ausdrücklich mit der Verantwortung für die Prüfarbeit und mit der Fach-/Organisationsverantwortung für den Einsatz der EUP beauftragt wurde, ist sie neben dem Arbeitgeber auch für das Prüfergebnis und für ausreichende Anleitung der EUP sowie für die notwendige Aufsicht gegenüber der EUP mit verantwortlich und mit haftbar.

Dies gilt ebenso für die EUP hinsichtlich

- des konsequenten Arbeitens nach den Vorgaben der Prüfanweisung und den operativen Weisungen der befähigten Person sowie
- der handwerklichen Qualität ihrer Arbeit.

4. Aufsicht durch die befähigte Person

Die befähigte Person muss sich ständig die Gewissheit verschaffen, dass

- ihre EUP in der Lage ist, die ihr übertragenen Arbeiten ordnungsgemäß und fachgerecht auszuführen und
- von ihr ausreichend angeleitet und informiert wurde und
- in dieser der EUP vorliegenden Prüfanweisung alle nötigen Vorgaben/Informationen aufgeführt wurden.

In welcher Form/Intensität Aufsicht und Kontrolle der EUP

- bei ihrer Prüfarbeit,
- hinsichtlich ihrer Prüfergebnisse sowie
- ihres arbeitsschutzgerechten Verhaltens

erfolgen müssen, hat die befähigte Person zu entscheiden. Tabelle 2 gibt dafür einige Anregungen.

Beispielhafte Prüfanweisung

Arbeitsanweisung

Prüfung von Anschlussleitungen

1. Anwendungsbereich

- Prüfung von Anschlussleitungen für EDV-Geräte, Verlängerungsleitungen, Kabelaufrollern und Mehrfachsteckdosenleisten nach VDE 0702 durch eine befähigte Person oder eine elektrotechnisch unterwiesene Personen unter Leitung und Aufsicht einer befähigten Person nach TRBS 1203.

2. Schutzmaßnahmen und Verhaltensregeln

- Zugrunde gelegt wird die VDE 0702.
- Die Prüfung darf nur durch eine befähigte Person nach TRBS 1203 oder eine in der Prüfung unterwiesene Elektrotechnisch unterwiesene Person durchgeführt werden. Die Unterweisung hat auf Grundlage dieser Arbeitsanweisung zu erfolgen.
- Die Prüfung darf von Elektrotechnisch unterwiesenen Personen nur unter Leitung und Aufsicht einer befähigten Person durchgeführt werden.

...

7. Arbeitsablauf und Sicherheitsmaßnahmen

Sichtprüfung

Beim Besichtigen ist z. B. auf Folgendes zu achten:

- Schäden an den Anschlussleitungen;
- Schäden an Isolierungen;
- bestimmungsgemäße Auswahl und Anwendung von Leitungen und Stecker;
- Zustand des Netzsteckers, der Anschlussklemmen und -adern;
- Mängel am Biegeschutz;
- Mängel an der Zugentlastung der Anschlussleitung.

Elektrische Prüfung

- Durchgängigkeit des Schutzleiters
  Der Schutzleiterverlauf, der Schutzleiteranschluss und die Schutzleiterverbindungen sind durch Besichtigung, Handproben (Hin- und Herbiegen der Leitung) und durch Mess- oder Prüfgeräte zu prüfen. Ferner ist zu prüfen, ob eine Schutzleiterunterbrechung vorliegt oder gefährliche Berührungsspannungen anstehen. Für Leitungen ist nachzuweisen, dass der Widerstand des Schutzleiters den Grenzwert 0,15 Ω nicht überschreitet.
- Prüfung des Isolationswiderstandes
  Der Isolationswiderstand ist zu messen zwischen den aktiven Leitern und dem Schutzleiter.
  Die Prüfung gilt als bestanden, wenn der gemessene Wert über 20 MΩ liegt.

Dokumentation

- Eine bestandene Prüfung ist durch das Anbringen eines farbigen Kabelbinders an der Anschlussleitung zu dokumentieren oder (wenn möglich) durch Anbringen der Prüfplakette.

  Farbcode:

Jahr	2022	2023	2024	2025	2026	2027
Farbe	weiß	grün	blau	gelb	rot	schwarz

Tabelle 1

Beispiele für Prüfarbeiten, die einer EUP von der für sie zuständigen befähigten Person übertragen werden können

Arbeitsaufgabe der EUP	Erforderliches Können, Kenntnisse der EUP	Zulässige Entscheidungen der EUP (sie unterliegen der Bestätigung und Kontrolle des verantwortlichen Prüfers)
Aufsuchen, Abholen und Bereitstellen der zu prüfenden Geräte Bereitstellen der Prüfgeräte	Einsatzort, Aufbau und Arbeitsweise der zu prüfenden Geräte Zuordnung bestimmter Prüfgeräte zu bestimmten Prüflingen	– Feststellen, ob alle und die richtigen Geräte vollständig übergeben werden und – Feststellen, ob sich die Geräte in einem ordnungsgemäßen sauberen Zustand befinden, d. h. prüfbar sind – Bestätigung der Übernahme der Geräte, Übergabe des Prüfergebnisses an die befähigte Person
Besichtigen des Geräts gemäß Prüfanweisung	Kritisches Betrachten und Erkennen offensichtlicher Mängel der Prüflinge	– Bewertung der Geräte gemäß den allgemeingültigen Vorgaben (Anhang 5) und denen der befähigten Person – Übergabe der Geräte mit dem Ergebnis des Besichtigens an die befähigte Person bzw. zur Instandsetzung
Anschluss des Prüfgeräts an Netz und Prüfling	wie oben und – Grundkennisse der Funktion der Prüfgeräte	– Feststellen der Art des Prüflings und des erforderlichen Prüfablaufs – Feststellen, ob der Anschluss an das Prüfgerät ordnungsgemäß möglich ist – Durchführen aller Verbindungen
Durchführen eines, mehrerer oder aller Prüfschritte nach Prüfanweisung – Durchführen aller Prüfschritte und – Bewerten der Messergebnisse gemäß Prüfanweisung	wie oben und – prinzipielle Funktion des Prüflings – prinzipieller elektrotechnischer Aufbau des Prüflings – Prinzip der Prüfverfahren/des Prüfgeräts – Erfahrung beim Prüfen dieser Geräte	– Feststellen, ob sich der Prüfling beim Prüfen betriebsmäßig verhält – Feststellen, ob die Messergebnisse den Vorgaben in der Prüfanweisung entsprechen – Bestätigung der Prüfung und der Messergebnisse (Kurzzeichen) – Vorlage der Messergebnisse zur Bestätigung bei der befähigten Person

Tabelle 2

Möglichkeiten der Kontrolle des fachlichen Könnens und der Arbeit einer EUP durch den ihr vorgeordneten verantwortlichen Prüfer
• Den Ablauf der Prüfung eines Geräts oder die technischen Zusammenhänge eines Prüfgangs zu erläutern • Die Funktion und die Schutzwirkung eines FI-Schutzschalters zu erläutern • Den Inhalt seiner Aufgabe, der Arbeitschutzmaßnahmen am Prüfplatz/beim Prüfen zusammenfassend vorzutragen • Abschlussprüfung eines Messseminars • Nachprüfung eines von der EUP mit „bestanden" bezeichnenden Geräts • Prüfung eines Geräts, das bereits als „fehlerhaft" erkannt wurde • Vergleich von Messergebnissen zweier Prüfgeräte bei der Prüfung am gleichen Prüfling, Begründung der Unterschiede

Logbuch für EUP

Mit dem EUP-Logbuch kann die befähigte Person sich ein umfassendes Bild über die durchgeführten Prüfungen machen. Sofern keine Abweichungen festgestellt werden, ist es nicht nötig, alle Prüfprotokolle einzeln zu kontrollieren.

Name, Vorname	Datum	Uhrzeit (von/bis)	Anzahl geprüfter Geräte	Standort	Unterschrift der EUP	geprüft durch bP

Literaturverzeichnis

Im Folgenden sind die wichtigsten Gesetze, Vorschriften und Richtlinien aufgelistet, die im Zusammenhang mit dem Prüfen elektrischer Geräte stehen. Zwar haben sich die Autoren bemüht, alle Forderungen in dieser Publikation so zu erläutern, dass der Griff in den Bücherschrank erst einmal nicht erforderlich ist. Wer aber mehr Informationen benötigt, wird sich dieser Möglichkeit trotzdem nicht entziehen können.

Er findet eine Aufstellung

- aller Veröffentlichungen des Hüthig Verlags unter www.elektro.net/shop
- der Prüfdokumentationen unter www.pflaum.de
- aller VDE-Bestimmungen bzw. DIN-VDE-Normen unter www.vde-verlag.de

[1] Produktsicherheitsgesetz (ProdSG)

[2] Betriebssicherheitsverordnung (BetrSichV)

[3] DGUV Vorschrift 3 „Elektrische Anlagen und Betriebsmittel“

[4] Technische Regel für Betriebssicherheit 1203: Befähigte Personen (TRBS 1203), Ausgabe: März 2019

[5] Arbeitsschutzgesetz (ArbschG)

[6] DIN VDE 1000-10 Anforderungen an die im Bereich der Elektrotechnik tätigen Personen

[7] DIN VDE 0100-410 Errichten von Starkstromanlagen mit Nennspannungen bis 1.000 V – Schutzmaßnahmen – Schutz gegen elektrischen Schlag

[8] DIN VDE 0100-540 Auswahl und Errichtung elektrischer Betriebsmittel; Erdung, Schutzleiter, Potentialausgleichsleiter

[9] DIN VDE 0100-600 Prüfungen – Erstprüfungen

[10] VDE 0104 (DIN EN 50191) Errichten und Betreiben elektrischer Prüfanlagen

[11] DIN VDE 0105-100/A1 Betrieb von elektrischen Anlagen

[12] VDE 0140-1 (DIN EN 61410) Schutz gegen elektrischen Schlag – Gemeinsame Anforderungen für Anlagen und Betriebsmittel

[13] VDE 0413-16 (DIN EN 61557-16) Elektrische Sicherheit in Niederspannungsnetzen bis AC 1.000 V und DC 1.500 V – Geräte zum Prüfen, Messen oder Überwachen von Schutzmaßnahmen – Teil 16: Geräte zur Prüfung der Wirksamkeit der Schutzmaßnahmen von elektrischen Geräten und/oder medizinisch elektrischen Geräten

[14] VDE 0413 (DIN EN 61557) (Reihe) Elektrische Sicherheit in Niederspannungsnetzen bis AC 1.000 V und DC 1.500 V – Geräte zum Prüfen, Messen oder Überwachen von Schutzmaßnahmen

[15] VDE 0700 (DIN EN 61335-2) (Reihe) Sicherheit elektrischer Geräte für den Hausgebrauch und ähnliche Zwecke

[16] VDE 0702 (DIN EN 50699) Wiederholungsprüfung für elektrische Geräte

[16a] VDE 0701 (DIN EN 50678) Allgemeines Verfahren zur Überprüfung der Wirksamkeit der Schutzmaßnahmen von Elektrogeräten nach der Reparatur

[17] VDE 0868-1 (DIN EN 62368-1) Einrichtungen für Audio/Video-, Informations- und Kommunikationstechnik – Teil 1: Sicherheitsanforderungen

[20] VdS-Richtlinien (Richtlinien des GDV Gesamtverbands der Deutschen Versicherungswirtschaft)
Eine vollständige Aufstellung kann abgerufen werden unter www.vds.de
Hier einige Beispiele:
- VdS 2000 Leitfaden für den Brandschutz im Betrieb, Ausgabe 2010-02
- VdS 2024 Errichtung elektrischer Anlagen in Möbeln und ähnlichen Einrichtungsgegenständen, Ausgabe 2009-12
- VdS 3401 Typische Brandgefahren in Industrie- und Gewerbebetrieben, Ausgabe 2014-12

[21] *Bödeker, K.; Lochthofen, M.:* Prüfung ortsfester und ortsveränderlicher Geräte. Berlin: Hussmedien, 2022

[22] *Ensmann, R.; Euler, S.; Eber, C.:* Die verantwortliche Elektrofachkraft. VDE-Schriftenreihe. Berlin: VDE-Verlag, 2016

[23] *Rudnik, S.:* FPrüfung elektrischer Anlagen und Ausrüstungen. Berlin: VDE-Verlag 2021

[24] *Neumann, T.:* Organisation der Prüfung von Arbeitsmitteln. VDE-Schriftenreihe. Berlin: VDE-Verlag, 2011

[25] Vordruck zum Bestimmen des Prüftermins elektrischer Arbeitsmittel mit Hilfe einer Gefährdungsbeurteilung nach BetrSichV § 3. Richard Pflaum Verlag München, Bestell.-Nr. 7005

[26] Vordruck für das Dokumentieren der Prüfung elektrischer Geräte. Richard Pflaum Verlag München.
- Wiederholungsprüfung, Bestell.-Nr. 7001
- Prüfung nach Instandsetzung, Bestell.-Nr. 7002
- Vordruck zum Ermitteln des Prüftermins, Bestell.-Nr. 7005

[27] Technische Regel für Betriebssicherheit 1111: Prüfungen und Kontrollen von Arbeitsmitteln und überwachungsbedürftigen Anlagen; Ausgabe März 2018

[28] Technische Regel für Betriebssicherheit 1201: Prüfungen und Kontrollen von Arbeitsmitteln und überwachungsbedürftigen Anlagen; Ausgabe März 2019

[29] DGUV Information 203-005: Auswahl und Betrieb ortsveränderlicher elektrischer Betriebsmittel nach Einsatzbedingungen; Ausgabe Januar 2021

[30] DGUV Vorschrift 1: Grundsätze der Prävention; Ausgabe November 2013